科學、科學哲學與人類

杜 松 柏 著

文 史 哲 學 集 成
文史哲出版社印行

科學、科學哲學與人類 / 杜松柏著. -- 初版 --
臺北市：文史哲, 民 104.02
頁； 公分（文史哲學集成；672）
參考書目：頁
ISBN 978-986-314-246-1（平裝）

1.科學哲學

301 104001875

文史哲學集成 672

科學、科學哲學與人類

著者：杜松柏
出版者：文史哲出版社
http:// www.lapen.com.tw
e-mail：lapen@ms74.hinet.net
登記證字號：行政院新聞局版臺業字五三三七號
發行人：彭正雄
發行所：文史哲出版社
印刷者：文史哲出版社
臺北市羅斯福路一段七十二巷四號
郵政劃撥帳號：一六一八〇一七五
電話886-2-23511028・傳真886-2-23965656

實價新臺幣三五〇元

中華民國一〇四年（2015）二月初版

ISBN 978-986-314-246-1 00672

自序

科學發展至今，已徹見人類創造了科學，而科學改變了人類。其實是人類改變人類，人類已面臨會不會人類毀滅人類？由重創地球，而重創人類的變局。此一大變局，係發生在近代四百年間，顯然是此期的科學崛起，科技和器具創新、科學哲學的昂然猛進所致。先是促進了人類的大幸運，由生活物資的空前豐盈，生命的健康大保障，延年益壽的大紅利，而孕育了大禍害、大危機，人類生存生活根本的地球受重傷，資源將竭、大自然的多重嚴厲反撲，似乎挽救無方，無力回天。但科學仍有大能，時間仍有餘裕，關鍵在人類能否鑑往知來，同心協力，無私共濟。

由振葉尋根，割捨成見，不陷入唯神、唯心、唯物的以往思想成見，並擺脫諸多歷史文物不必要的糾纏，直指科學崛起的核心，以科學哲學的明見，探究其對全人類的全體改造和改變，方是眞實急切之圖。科學的發展，是由科學發現和創出的實物開始，再觸發理論、方法及廣大思想的層次。故石器、陶器、銅器、鐵器以至原子彈是無可爭議的科學發展的斷代進程。並非否定其他的諸多文化文物，而是如此斷定，才能徹見科學眞實的進步階段，並非否定四百餘年之前的唯神論、唯心論、唯物論；科學似乎是中性的、物質性的，但其產生、崛起和興盛，縱係以物質和物質性的能量爲基礎，但均發端於人的生命和生命力，此二者是綜合性的，物質只是其間極重要的環節。

進入原子（核子）時代之後，再不宜以單一的科學器物爲斷代的依據，如機械時代、電子時代、電腦時代等，則摒拒了太空時代、物理時代、化學時代等，故以「亞神時代」作定名，因爲集聚諸多的科學成就，人已有了亞於神的大能。又認爲在「暗物質」或「粒子」解密之後，尋覓不到神或造物主的存在；既揭秘了宇宙的本源本體，科技已能造出非生人，能創造生命，當人類存活超過一百五十歲以上，人造器具自由來往於太空，則爲人而爲神的入神時代。如此斷代，而見此後時代的古往今來的實際。斯時也、人類進入「全人類主義」的階段，縱然唯神論、唯心論、唯物論仍存在，甚至勝義紛陳，則必如我們此前的《山海經》、希臘神話之地位矣。

科學哲學若躍爲思想的主導，人腦和電腦的對接進到換腦易心的地步，人類有整體的危機認識，能煥發出大智慧、創發科技匡救的大能量，脫出科技引發的危機，掌控科技，發出人即是神之奇特，人類方可能幸福而長存。

（感謝大書家龐繼鴻先生正字。尤雅姿教　授校稿。文史哲團隊精心協助出版等。）

科學、科學哲學與人類

目 次

壹、引　言

人類創造科學科技．科學科技改變人類
科技蘊育科學哲學．科學哲學省察科技

二十一世紀的人類世界與此前的時代，有天差地別的空前變化，基本上是以唯物研究的科技發展而壓抑、改變了唯神、唯心、甚至唯物的思想文化之本原，因為有了無數創成的事事物物、開出科學哲學（亦稱自然哲學）。科技似呈登頂之勢，但預估仍有諸多神奇的發展，而現已颱掀人類之巨變，將由「亞神時代」，進入人而為神的「入神時代」。人類的社會結構，不是如現在黑、白和黃色等種族組成，將是有生命的人類和非生人者雜廁混同活動而生活，故而現代人類亦難想像出其時的生活改變，屆時人類社會的明規章和潛規則，必離奇怪誕，如由機器人上工的工廠，家家戶戶有或多或少的機器人和機械狗驢等相伴相隨，不會驚異而爲平常景象。

「亞神時代」是由現代而上溯約四百年，由牛頓提出「萬有引力」作爲肇始，科學的發展，科技的創新，諸多的成就，到今僅亞於神的神奇，如果無神，則人類已是神，如有造物主，則僅次於造物主。總之：科學科技和隨之創立的科學哲學，已壓倒了歷代宗教的神學，唯心主義的哲學，和無數的傳統理念和事物。現代科技的特徵，是創造諸多不同於自然事物的物品，如電腦電視、塑膠用品等等，每一物件均有色彩、數量、形狀的存在、有使用的說明和期限；如何造成？更有製造的原理，發明者必有程式數據等的顯示，據以證檢其可靠性、真實性，即使科學哲學超越物質、能量而無形象者亦係如此。故言理立論，徵實而不虛、缺失成敗因之立見，較之唯神論者之誇示神奇神蹟，唯心論之言心識奧秘，蓋皆落在言語闡說，全由不見落實之心證，而大有不同。故而弘開思想之新域，上達宇宙之本原，自然事物演進變化、成長生存等等之究竟而見其幽微，爲「亞神時代」的翻天覆地之表現。

「亞神時代」的科技創新，是全面全新的開創，一方面改變了自然生物和生態；一方面創出自然生物界所無的人造事物，又能賦予無生命的機械以人工智能，爲人類工作服務，甚至能聽說人的言語及運算思考反饋心態等的表現，故可與人類並列而同生存生活；也改變了人類的生命和能量，達於創造生命的程度；人類開創事物、改變事物，已臻於神的地步。在科技進步至不見有神、而人的作爲是神，則是「亞神時代」的結束，「入神時代」——進入人而爲神階段的開始，人類的變化，和對自然界的由地球至宇宙太空的改變，將難以估量。

「亞神時代」所起改變最大最多的而無形的，是傳統的思想理念。但科技和科學哲學只是創出什麼思想理念，沒有攻擊什麼思想理念，但卻引發哲學思想者因而自覺自悟，在證驗真實、彰明虛假之後，雖宗師亦不得不黯然反省而作修正。尼采說：「上帝死了」，上帝是神，自無生死的問題，但科技發現和證明，宇宙和人及物，不是《聖經》〈創世紀〉所記乃上帝所創造，上帝縱然未「死」，已失去此威靈，其所「代理」的教皇和教會組織，已失去制裁統治的地位，而退縮到教堂的神壇上，不能再審判如伽利略等，作爲異端裁判所的權威機構消失了，其後教宗向死後的伽利略道歉。以唯心論的思想家而言，亞理士多德的傳統邏輯，且降爲一般的語意法則。真理不是唯一的。其後交替而起的邏輯學，其方法也大爲消沉，在科學方法相比較之下，發現了邏輯不能正確和真實地發現問題及解決問題的大弱點。唯心論者的心識、感覺等，自是人類的共同問題，但如康德的「物自身」，黑格爾的「絕對精神」、佛教的「一切唯心」、「萬法唯識」、唯識宗開出的「唯識百法」，宋明理學的「心」、「性」，由之而縱横論析，致宗派紛立，形成傳統哲學思想的學海，雖博大精深，但皆出於思惟擬議，苟加以檢驗，無不雖善而無徵。即禪宗主張實證，其落言說時，亦無例外。較之科學哲學的窮宇宙之秘、得事物之理，信而可徵，大有不如。相形之下，其發展與地位均因玄虛而大見消沉。

科技的發展根本，得力於機械之助成，始於蒸氣器機的發明，而有第一次工業革命和第二次工業革命，先是砲利船堅、揚威海洋、有歐美帝國主義的崛起，侵至亞非等洲，爭設殖民地，掠取資源，繼而資本主義大行其道，競以商業行銷，於全球擴展勢力，壟斷資源，互相爭雄爭霸，而有第一次世界大戰。現進入第三次工業革命，以「亞神時代」的神奇科技爲主導，最大的改變在全球化，歐美強國已漸失其主導地位，由於交通、資訊、經濟等的密切關聯，成爲地球村；故第三次工業革命、是全球涉入；因科技已普遍發展、科技的創新，非任何一國所可專擅；亞洲等國，已強勢登場。將來必賴全人類才智絕倫的科學超人、政治超人等的發明創造和智慧掌控，完成第三次工業革命。可見科技既是改變的主導，又是人類禍福之所繫。

科技的改變人類，是「亞神時代」將在此後五十年左右爲階段。而後進入人即是神的「入神時代」；此非好奇立異而無理由信證的斷代。即科學和科學哲學的發展達於極致，於宇宙的構成，事物的生成和存滅，不見神的作用，全是人即是神的作爲，故是亞神時代的結束。人類到了能改變生命、創造生命，有諸多「人工人」和生化人的出現，人類社會而由有生命的人類，與非生命的存在者同組成而共依存地生活，將是何種景象？如前所述，必然使家庭倫理道德大受影響，社會組織及明規章、潛規則的大改變，只能立名爲人即是神的「入神時代」。

科技是中性的，科學哲學偏於物質、能量的形而上之建構。科學有其反面的毒害效應，有各種偏差及極大誤用之可能，以核彈而言，是以「人殺人」爲目的，誰能保證不會「擦槍走火」導致人和地球的大毀滅、大傷害？在科技功能之下，會不會用竭一切自然資源？破壞自然生態之後必招致反撲，故必須減溫排碳；人類因科技之賜，延壽至平均一百歲左右之後，伴隨而起之社會問題必難解決等等。故科學家亦有極力反對科技的發展者。如何掌控科技，運用科技，是人類的智慧問題。若徒利用科技而不顧及其毒害和危險，必使人類沉落迷失，甚至滅絕，乃人性中善惡慾念的矛盾不能解決排除之故，科技對此似無能爲力，科學家在開創科技時也無心加以改進及制壓。

人類會因之毀滅嗎？科技會促使人類毀滅嗎？科技能拯救人類的危亡嗎？殊難作一必然的斷定。但仍有頗長的時間、可資審問思辨，而科技也可助成人類的智慧，並加以補救。但願人能切實是神並大有智慧，否則將是悲慘的下場，落入唯神論的「世界末日」。究詰問題之實際，乃私利私心、貪念貪婪，這是人類個人和集體的禍根，故極切而悲觀的，科技可能是以人滅天，以人滅人的慘痛工具。

貳、亞神時代科學器物的斷代

「亞神時代」是筆者依據近四百年來人類的進步，依時代進展作階段性的劃分、得出此階段完全異於以往，而有其僅亞於神的開創，而係以科學開創爲主導，作此時代前後的斷定。

一、前　言

人類回顧以往，所紀錄發生的史實，而以時間作起訖的階段劃分，名之爲斷代，如史前、遠古、中古、近古、近代、現代。以求人類進步的事事物物、能如階梯般的呈現，而見其概要。但如此斷定則時代的前後推移無定；各國依建國或君主在位的時間而作斷代紀年，在全球國際化之後，只是一國一地區的史實，難見人類全面概況；其後有「西元紀年」——以耶穌出生爲紀元之始，此前爲西元前、又淡化其宗教性，稱爲公元，以別於佛教紀元，回教紀元，遂通行於世界各國，有以見全人類巨大事件變化之發生。依時間作紀元之區分，其大要如此。但仍多主觀性之判定。

由科學科技之發展作史觀、而見人類全體進步之發展、各洲各國只有時間先後之別異，而有更凸出更具體之代表性者，則爲科學器物斷代、而又極可證驗，更無政治宗教等因素之介入。

二、石器時代

人類處於原始狀態時，但異於其他動物者，是能就地取材，以石頭作簡單的工具及武器，爲進入科技之先聲。而在積累經驗之後，大有改進，可分爲舊石器時代，中石器時代，新石器時代，時間漫長，被估計在三百萬年以前。所有的人類、共同經歷了這一漫長的階段，但時間有先後的不同，石器有不同的形式。在全人類的進化中。現在的科技，仍難摹擬諸多的石器及使石器能大露訊息，但已有了各地不同的石器之發現，有了上述的三大分期，各洲又依地區之別作石器文物分類，如仰韶文化、龍山文化等。其根本的原因，均推定是人能直立之故，故有手足的靈活度、人的靈智、和逼於環境的需要，對付外敵的刺激等，因而有此器物的利用及改造。有的石器沿用及現代，石頭的利用仍未廢止，如諸多的石雕、磨具、容器、玉石、鷄血石等，惟已由生存生活之必需。進升至藝術品和奢侈等珍品而已。

石器時代、標誌了人是自然界的動物，但已能運用自然物制石器、顯示了智能，也是人最原始的近於科技創造。

三、陶器時代

隨著人的才慧和生存生活的需求。陶器繼石器而出現，並流行於各地區，是真正人類科技創新的一小步，但確是人類文化進步的一大步，因爲陶器之製造必須用火、是人類發現了火、能保存火和初步能控制火的燃燒和溫度之後，才能制成陶器；又陶器的陶土，是在發現之後，而能取用，並分離其土質與色彩的不同；陶器製造成形狀，由手工、而進步至模制，必然係發展至創造簡單工具的歷程；

陶器的廣泛使用、和生活所需的類別，也間接標誌著工業和商業的產生；能善用火、使用陶器作飲食之具，使大部份人脫了「茹毛飲血」的原始生活，及有飲食文化之發展；我國的陶器最多和使用地區最廣，證明了乃文化進步的先驅；陶器與磁器有其材料和製程的連貫性，是磁器自必隨陶器而出現。

簡單地說：陶器是用黏土等先經控制成器形、以火燒製而成的器具。陶土有紅陶、灰陶、黑陶、白陶及彩陶之分，以制作而言、有手制和模制；以用途而論，有炊器、飲食器、和儲盛器、祭祀等之禮器。乃所以為人類進入文明的最早標誌。是人類發現了自然物質為原料，而以個人及集體的意志和構想、塑造出此前所無的器具、比之於石器、僅有取用和稍加改變之工序，已大有不同，而又改革了人類的生活，由生食進入多種烹調的熟食的文明時期之中。

陶器以我國為文明古國，發明使用最早，經考證約在公元前八千年至二千年。但以易於破碎，保全非易，然由少數的發現和破片中、得到了許多的證明、作了明確的斷代分期，雖然與新石器時代相雜，但其獨特的歷史性不曾淹沒，其後繼續進步為瓷器、倍增其藝術性與珍貴性，且為世界之最。但世界各地無不有陶器，方能成此歷史文物的斷代。

總而言之：陶器是人類脫出自然之物而以智慧、工具綜合創造了多用途器物，其彩色花紋更是藝術才能的最初呈現，因爲描繪了自然事物，也成爲象形文字的基礎。陶器可謂是科學事實的最初呈現和開始。

四、銅器時代

銅器時代又稱爲青銅時代，但以稱爲銅器時代爲宜，因爲青銅只是銅液混合了錫等成爲合金之後且氧化的顏色、而銅器則係製成器皿之後的總稱，如石器時代、鐵器時代，但銅器煥發黃金般光澤，又類似黃金，故也稱吉金。

銅器與石器作比較，頗有不同，雖仍然不外炊器、飲食器、儲盛器、禮器等，但已成爲貴族用品，以禮器爲大類。儲盛器較少見，銅器也是世界性的共同時期，而以我國最具代表性，盛行於夏商周、晚至戰國鐵器繼起之後。器物上除花紋之外，有或多或少的文字，統稱「金文」，而表示統治權存續的巨型鐘鼎，成爲文化和歷史的顯著代表。銅器以其係合金所構成，必然是礦業開採有巨大的進步，能分離出錫銻等礦藏；又能高溫熔化此等金屬，加以混合而成爲合金；在製作時已有模具、構成各種銅屬器物的模型，器物上的文飾有圖案和或凸出、或凹下的文字，稱爲「陰文」或「陽文」；銅器因其不破碎，由漢以後至近代的大量出土，通稱「鐘鼎」和鐘鼎文。近代羅振玉的《三代吉金文存》所拓銘文達四八三五件器皿，可見其盛況。甚多銅器散在世界各博物館。

銅器大約製成於六千餘年之前，係農耕社會進入手工業時期的開始，人類已有極高的文物和文化，在此前後也出現於巴比倫、埃及等文明古國。

五、鐵器時代

人類以鐵爲原料製造器物，即此時代的開始。以其原料較稀少，取得不易，硬度又強及熔點高之故，而後於銅器時代。二千年前亞美里亞發現鐵器，我國在公元前十二世紀於河北發現鐵刀，其後至春秋戰國方有較多發現，至兩漢而大盛，鹽鐵成爲公賣制度，而見於桓寬的《鹽鐵論》。延至現代，鋼鐵工業的興盛，成爲熱兵器不可缺乏的主要原料。鐵礦已大被開採。鐵器現在仍多方應用，但其代表之時代，已被取代。

六、原子時代

一九四二年以費米（Enrico Fermi）爲首的美國科學家建立第一座原子反應堆、是原子時代的開始。一九四五年第一顆原子彈投擲於日本廣島，毀滅力相當於一點三噸TNT炸藥、舉世震驚於鈾的裂變之威能，此後世界各強國竟力發展。但在亞神時代，已非只此可作斷代的代表，更進而爲核子時代。同理在原子時代之前，有機械生產的第二次工業革命，也有電器的出現，但不以之作斷代的標誌，因其只是此時代重要科學成就之一而已，故其地位僅如塑膠、電腦、雷射等等。均係前所未有，又數量之多，不勝枚舉、而原子時代乃是進入「亞神時代」的重要宣告，原子亦大躍進而稱爲核子時代。

七、人工人時代

宣告「亞神時代」的將結束，而將邁入人即是神的「入神時代」，同樣可以用一種器物作斷代，顯示此時代的特性，應推「人工人」爲代表，人工人係由人而創造的非人，可由機器人爲首要，因爲人類將與非人類同存在、共生活，組成人與非人的社會，必衝擊有史以來的人類結構，改變倫理道德而及法律規章和潛規則。「人工人」的廣大意義，不只是「亞神時代」人能賦予機械以人工智能，而是人能改變生命、創造生命，如機器人的能運算思考、能自主行動、能工作，能語言及表態等，可能除了無生命體之外，已近是人，故而稱之爲「人工人」。而且有類似人工器物，如人工驢、器具狗及生化人等。現在正大力躍進之中，此時代雖是科技發展之未來式，而已實際展開。因爲科技未發現神的存在、及能生起自然物品。而科技有了神的作用，不但造出人工人，而又造出可比美甚至已超過自然物類之物品。

上述七種斷代，是以與科學的發展和進步，有密切的極大的關係，而世界各地均在普遍而先後共同地發生。故火藥、指南針、印刷術，只係地區性，且科學理論並無表現及能以數據作證驗，故不能作代表。此七者作斷代，前後有相當長的共存期、然亦主從有別；七者的器物由發現至今，人類仍在應用和發展中，唯依生活生存所需的情況、礦藏的多寡，而有不同程度的自然物和科技產品的共同出現及應用，成爲現代物質文之特色。

亞神時代非完全脫出此七者的範圍，而是在此等器物主軸性的發展基礎上，以人類全體的智慧技能、尤其是工具的發明和應用，不停地創新、發明，相互激發、由智慧再引出智慧，由科技再引出科技，而有千種萬種和千差萬別的腦力激盪，經由人的集體和個別的嘗試和證驗，而呈現物質創新變舊的萬品萬類競出的神奇。由深海深地層、至高空、外太空，由各種生物、礦物、元素、分子，分門別類，均有深入研究、由知其然而知其所以然，由能控制其發展而運用無遺，窮盡了科學科技的功能，從而使人類霸佔地球，征服自然，人類的敵人和災禍的產生，似乎只有人類自己；「人類所能想到的，就能做到。」已不是夸夸其談。是此亞神時代的概況。唯「亞神」方足以之作斷代，故稱之爲「亞神時代」。而且將結束之後，不但已預見而已邁進「入神時代」，且可以用「人工人」作斷代的標準。

參、亞神時代的科技與思想

一、人類思想學術的本源

人類由動物中脫穎而出、其特殊之處，是在演進之時，依其潛能，創出了思想學術和文物文化。但係以唯神、唯心、唯物爲其發展的本源。在元始的演進時期、各民族無不有唯神的思想，神是最高無上的存在，由膜拜祭祀的禮儀，至如何與神聯接溝通，而有種種的方式，演繹而有不同的意念與思想，結集而成的文獻，是爲有神論，如希臘神話、希伯萊文化的《聖經》，印度的佛書，我國殷商的卜辭和《易經》、《山海經》。才智之士，以其思惟慧識，面對自然事物，明察深思，結合生存生活的經驗，發抒所得，所謂學在思心，而創出思想理念，希臘的蘇格拉底等，我國的老莊孔孟，建立了人本等思想，脫出神的威靈，是爲唯心論。於此二者之外，以自然事物爲核心，創論立說，而成唯物論。三者雖各有「領域」，而又相互涉入，彼此影響，大起爭辯，各有專注而勝義紛陳，流衍爲諸多派別，均成爲愛智起源之學。但科學橫空崛起時，如何崛起？如何胎育科學哲學；其影響如何，是極重大而待探索的新課題。

二、科學為異軍崛起之神奇

科學因其探究在於揭明自然之奧秘，事事物物之所以然，歸於開物利生、故由唯物論所導出爲主，而以唯物爲客觀研究之標的。在發展的過程中，均受三者輕重不一的激勵和刺激；惟出於唯物影響者較大較多，但又突破其樊籬。及至二十世紀，究明了大自然之奧秘，能改進自然之物種、創造自然物品之外的事事物物，至此人已非自然的臣服者，而係以人抗天，爲異軍崛起。石器時代是就地取材的時期，無科學的成績；而陶器時代則進入文明，由發現火而運用火，而製出了器物，故而由自然事物扣開科學之大門，有了科學的實際產物，不管此時物品是如何的拙劣，已是科學的產品。隨後與時漸進，以不同地域的自然環境、自然素材爲條件，不同的才智之士，共同開創發明，在每一時代中，創出不同的科學事物，我國的指南針、印刷術、火藥的巨獻之外，即不甚起眼的豆腐、煉丹服食，均是物理、化學的源頭。各地域、各民族的衣服、宮室、舟車、醫藥等，均是科學事物所產生的成績。僅以上述七種器物的不同進程，作爲斷代，成爲科學進步的創造代表的歷程，而見有脫出自然叢林的傑出表現。

人類能如此開創，係有其天賦的本能，而又係共同具有而稍有殊異，眾所週知：人皆可以爲堯舜，人皆有佛性，但有上智、中才、下愚等。現因科學發現了基因，明白了每一個體具有百分之九十九以上基因的相同、雖隨生存環境、生活刺激、而有激發變易的差別，然在此潛能同具之下，人類共同演進，方有絕大相同的文明開創與思想學術的出現，科學是其中之一而已。此外如語言文字、社會「宗族的制度及法律、道德律等，如果說人類的知識是由有神而導出，此潛能爲神授，然而科學的發展，科技的出現、是漸進的，其由萌芽而至壯大，顯示乃人的發現創造，而非神力所致。唯心哲學於科學的影響與助益、亦甚微弱。至諸多科學儀器的出世，如望遠鏡、顯微鏡等大揭宇宙自然之秘，有工業革命、原子彈製成等種種之崛起。然追溯源流，科學乃由唯物論所分枝衍出，其倡盛如以牛頓之萬有引力說作偉大的區分，至今不過三百二十餘年，現代已呈一枝獨秀之勢，壓抑了唯神論、唯心論、甚至以往之唯物論。因科學開創之神奇新變，正在改變人類生存生活及思想命運等而又銳不可當，奮進不已而不可估量。

三、亞神時代的科學定位

進入亞神時代的科學，才是有體有用的健全周密而可證驗的重於物質性的學門，其特點是得出了物體均有定量，均有通性、根據事物的實際，能得本末原委，而證據確鑿，以數學原理得出數據之定式，可以遍透自然事物，概括形象原委、不失真實、而又可檢驗以見其真實。不合於此定律者，必為偽誤，或別有原委因緣。如牛頓之萬有引力，不但由太陽星系的行星與行星間可以證驗、尚可推證其他行星，闡明自然現象。物體各憑此引力，互相吸引，而無例外。如此方是亞神時代之科學。故此前只是有科學事物、不知此事物的定量和通性，不能有數據之表現等、無法推論證驗，不能得其真實，其創出有只是一時的巧遇偶合，故我國之火藥、待發展為TNT之後，方是完全的科學物品。

亞神時代之科學，發展出科技及器物，門類繁多而重要，科學發展為科學學門；科學名詞流行之後，恰如「文化」、「自由」等，隨處套用，復有假科學等；科學物品有毒害、毀滅之物，而有反科學者，均待明確的定位而釐清之，以見科學之真善及與人類福禍之關係。

「科學」一詞乃日本學界初用於對譯英文Science的相應詞彙，其義約略近於我國的「格物致知」。至近代方出現的（Science），相傳為英人培根所創，此一名詞已經確認而為舉世所共用。但什麼是科學？則有不同之見解，英國創立「科學學」之一的著名科學家貝爾納（J.D Bernal）認為「科學不能用定義來詮釋」。其意義為何？似乎其時科學的進展，仍難以界定，因為他既是「科學學」的弘傳人、則決非否定和懷疑此一名詞。但科學家大致認定科學為反映自然、社會、思惟等客觀規律。此一概念、固然反映了科學影響之廣泛、但仍缺乏明確的學門規範，幾乎擴及到哲學和其他學門的領域，因為除神學之外，幾無所不包括。故英國科學委員會則作成較具體的界定：「科學是以日常現象爲基礎，用系統的方法對知識的追求，對大自然的理解，以及對社會的理解。」但科學不止於理解而已。作類似的界定尚有達爾文：「科學就是整理事實，從中發現規律，作出結論。」以之作科學哲學的規範，則無不宜。但推及科學學門似難可用此原則。乃因均未見及科學日後的實用性和科技創新之實際、故未免於僅作此寬鬆之界定。

科學固然可以包括自然科學、社會科學，思惟科學等，但三者研究的對象並非同一領域，以社會科學爲例、是研究人類社會不同領域的運動、變化和發展規律的科學，則政治、經濟、歷史、地理等，無不相關，甚至包含在內；而思惟方法，則應屬哲學的學門。故上述科學的界定，和科學內容的確定，在各國各有爭論，也有各有傳統的名詞，與之相似而難分，例如我國的「學問」、「格物致知」、亦合乎科學的解釋，也可概括自然科學、社會科學等等，但能切合現在科學的實際嗎？及現代科學學成立的條件嗎？/2058

科學的界定，大有助於科學的了解，因而引起諸多的爭議，自有見仁見智的理解不同，故應由科學發展的事實與對人類重大影響之所在，與其他學門類別之不同，而為科學定位，方符實際。因為科學因現時代的發展，已部份進入哲學的領域，我們似忽略了科學哲學的誕生；而科學的實際，有科技、機械、儀器、各種製造方法、應用方法，而有繁多的學門，不能由一端以論，亞神時代的科學，應定位為神奇的、開創的、智慧的、能明究宇宙本原，穿透自然法則和事物，能創出自然界所無的事物，並由地球而進入太空，及改變全人類之學。科學由人而開創，科學之精神，理則可通於社會文化及其他學門；何況哲學之思惟及法則，早已通於科學的發現發明；科學之求真又能得驗證，為各學門之所重，已影響其他各學門。由科學而肇興之科學哲學（自然哲學）正趨於完善，將改變甚多之思想與傳統事物，並引導科學科技之正常發展。

如依據上文的器物斷代，顯然是物質性的科學發現和發明，僅能說是科學創成事物的顯現。不合乎現代的科學規範，如與原子時代的原子彈作比較，則最大的別異、是鐵器時代以前的器物，只是發明創出的科學物品而已，沒有物品製作的程式，不能依程式作證驗，也不能有進一步的突破，而原子彈則不然，其他國家可迅速應用，且可迅速突破成核子彈，或轉為和平之用的核能電廠、及核子動力。有的科技又難入於「科學學」的已定範圍時，則可歸納爲「入神時代」的「科技項目」。故特綜合科技及其學門之概況，而定位於下：

㈠科學以揭發自然事物之秘爲主體，以發現發明自然界之真實，而得理論及法則技術等，而加運用。

㈡依事物本具之物質和能量，由科學工具及試驗，經由觀察假設、檢證其真實無誤，而以程式、定律等作表示，而得器物的製造方法，並引出應用技巧及方法。

㈢科學既以研究自然界事物爲根本，故爲無窮宇宙所涵攝、所引發、所產生之古往今來之變化及其因果等，而究明奧秘，有形而上之宇宙學，有形而下之「科學學」和器物學。

㈣「科學學」可運用諸多思惟法則，更多由試驗、假設發現問題，解決疑難、實事求是而無一定之法。又科學之法則顯示以數學爲主，其得出之法則，常以某一事物爲目標而解決應用無誤。故宗教、哲學、藝術等，難應用科學之數據法等。

㈤科學方法成立之後，極難應用於物質性以外的事物，能適用的，是科學精神和原則等。如實事求是，有理有證，乃普徧原則。科學科技所發明創造而得之方法，則爲專業專技。

㈥「科學學」所導致的結果，常在物質的發明及創造上爲生存生活所需，而非生存生活之態度、目的、行爲等之人間世法則。

㈦科技多爲複雜之器物組合，極重精準精密。如人造衛星之發射，組件以千萬計，要求百分之九十九的精密度，而太空飛行，更不能有毫厘之差。尚需科技以外的衆多人員和單位相配合。以上之特色，爲「亞神時代」之科技之整體呈現，而爲此前之時代所無。

四、亞神時代的科學分類

由上述可見現時代科學界定之不易，而又蘊育了科學哲學之同源學門。故應以科學分類較能得其實際。因爲分類後則本末可見，條理立明，得失可知，更易由分類而得每一類所見之特殊性及其如何證驗。

(一)**潛科學：**在科學原理、性質、事物、技術、其發現、創造未完成之前、而處於潛伏、孕育、構思、疑迷狀態中者，是爲潛科學，因爲「看不見的不是不存在」，潛科學乃科學的先行階段，必然由暗而生明；科學的顯示、常有二大類，一是事物本具本有，經由發現而應用，如發現火之存在。乃氧氣等氣體的本具；以至「種瓜得瓜，種豆得豆」的瓜豆、及如何育苗栽種，品種改良等，雖常稱之爲發明家，實際上只是發現者，但有難易之分而已。另一類本無此事物，由人類創造而有，如衣服舟車房物等，最難是毫無兆相者，如文字的創造，又如望遠鏡、顯微鏡、X光等，又以之發現了諸多事物；更有以無比的智慧、根本無此元素、物質而創造的如現代的雷射、塑膠。在千萬種事物發現創造之前，縱然是想像，理念之所不及，亦必有動機、或偶然的觸動作爲先導，隨之而有創造成果。在亞神時代的當下，潛科學已不可忽視其重要性：因爲：

人類只有想不到的，沒有做不到。

雖有些誇大，有些近乎神跡，在科學上能想到的自係隱科學，所以要大書特書，以見其重要，因想到之後，才能做到。

衆多開創由無而有，由隱而顯的科學顯現，但係真有暗科學事物的存在，空氣所包含的氣體，本有的萬有引力、電磁力、原子核所需的粒子，化學元素及元素譜、幅射、磁力、X光等，其先無不是潛科學。最新最明顯的發展，是不見科學產品而這些產品卻的確存在，如我們上網際網路，都知道有軟體，可是看得見軟體嗎？

軟體隱而不見，但見作用而知其存在。故亦可稱爲隱科學，所引生的產物已愈來愈多。

㈡ **顯科學：**與潛科學相對應的，是依據潛科學暗具的原理、潛在等，而有製成事事物物明顯的成品出現，已無需舉證，此類的事物，積累在我們的四周，堆几盈案、而又日積月新在變化，但可分成三大類：其一是我們生存生活所需，大至飛機、船艇、小至衣食工具等。其二是純爲科學試驗的物品，如強力撞擊機、檢試器材等。其三是只活動在太空中的器具，如太空站、衛星、太空電子望遠鏡等。二和三類已爲此前時代之所無。最神奇幾乎連接隱科學而無縫接軌的，是3D、4D的列印產品，由無到有，即由隱而顯以到產品的出現，只需列印機、一些化學物品，頃刻之間，我的器官、我的住屋、我的用品，已出現在眼前，而非幻影魔術。我所需要的，我能造出、將普遍出現，故改變未來，不會是口號而已。是潛科學連結顯科學使事物的完成，只在剎那之間。

㈢**假科學：**假僞幾乎是人類的「夙疾」，科學興盛之後，事事物物假科學之名以行，已不足爲奇。所以假科學大行其道。首先科學家中有假科學，如科技未能完成之事物，而宣稱已成功、經不起驗證，此爲科學界的假科學：如擴大界限，包括科學論文的抄襲變造在內，總而言之，是科學界的造假，此學門以外之人，難以明知而辨別是非假僞。其次是稍涉科學，無理論程式等之根據，不經明確之驗證，而冒名科學物品，是假科學之名，而無科學之實，如假酒、假藥、假油、假器具等，仿冒品亦可入此一類，故打假已成爲要務。

㈣**反科學：**在科學獨盛之後，方有此一辭彙之出現，因科學知識之不足，不明科學由理論、程式而可驗證真實之事物，如全係低俗之迷信而篤信不移，吃香灰以治病，誘性交以除痼疾、改命運，類此均爲反科學。美國是科學的先進國家，竟有百分之四不同意「占星術一點也不科學」，因科學已證明某星球的星光傳到地球時，已在若年之後，可能其星球已不存在了、至少已移轉到不知去處、能占驗嗎？所以無知，所以是反科學。亦有因政治上的利害權謀，知科學之真實而反科學，乃另一類型。基於唯神、唯心論之立場，以科學不合人性，不顧精神而反科學者。復有見科學物品、將危害人類之生存，而反科學等。

㈤**非科學：**科學以物質的開物為用，範圍極廣，但非人類文化文明之全部，如神學、哲學、藝術、體育、娛樂等，雖與科學有關係，但係非科學，因科學不能概括。至於可在科學作為試驗之內，而不為科學所承認，如「威而剛」為科學藥物，在服用後以試驗性交時間的長短和是否達到高潮，則為「離經叛道」，被視為非科學，又如無照的密醫，亦視為非科學；其實科學家亦有狂人，怪人、壞人，故有非科學所容許之作為、有的是法律禁止的非法科學行為，如毒品的製造，禁止複製人和其他動物等。

在科學極度發展之後，而有此等分類，更憂心科學發展之未來，於人類為禍為福？或是零和遊戲？更是否係以人滅天？因為炸藥、熱兵器、核武器等，全係以人滅人為目的。又諸多的發明，損害地球，違反大自然的規律，已臨失控而無以善其後的地步。非科學乃似科學而實非科學之一類。

五、亞神時代的科學學

在亞神時代之前，科學並未成爲獨立學門，顯然是欠缺充足的條件和內容。至二十世紀三十年代方由英國物理學家貝爾納以《科學的社會功能》成爲「科學學」的奠基之作，「科學學」以研究科學活動的發展規律、發展機制、以科學知識體系、科學能力體系、科學研究活動爲對象，自係當理而應有之主項；分出基礎科學、專門科技、亦在當然範圍之內，但提出科學社會學、科學經濟學、科學邏輯學、科學倫理學、科學美學等，則大有疑議，因爲太超過科學以物質和自然事物爲主體的拓展範圍，又未隨科學進展的實際，將應有的要項納入科學學之內。

科學學隨時代的科學和科技的大突破、大飛躍，首先要提出的，是前所未有的科學哲學，科學能發展證驗物質的分子和如何構成物質的種種，如牛頓對重力以及運動定律的發現、愛因斯坦的相對論等，可概括在科學哲學的宇宙論之內。其次則爲航天科技的太空科學，因爲無火箭、太空船等載具、電腦運算、太空知識等的科學科技，則決無登上月球、探究宇宙諸多奧妙之可能；又顯然要有基礎科學，由科學常識、提升到科學知識、科學概念、科學是什麼？科學能做什麼？科學創成了什麼？如何方能接受科學教育，成爲科學人員；由科學與人生的生存生活而言，要分出應用科學，雖然範圍極廣，但就主要的項目而言，如物理學、化學、醫學學等，而學門繁多，且爲各級學校之施教項目。

現在科學和科技的發展，已相互滲透，在極短時間內，超越常規，如電腦由計算機和單純的計算功能，已飛躍成網際網路的3D、4D，由複印打印而進展爲列印。雲端科技，是應用科學而不能以應用科學或科技作爲分類，尤以其軟件的千千萬萬，是專門的科技，更突破了專門科技的局限，人人可以成爲設計人，人人可以爲生產者；就網際網路而言，在二十五年之中，英國科學家柏·內茲李（Tim Ber ners-Lee）說：「當年只是保存資料的構想，現在個人電腦改變了我們工作方式，但全球資訊網改變並衝擊衆多產業。現在的音樂、電影、新聞、商業經營，均受到影響而改變了傳統的商業經營方式，如網上交易，如同銀行的金融來往，成爲國家進步的重要因素之一。」其發展的經過，是由單純的小科技，和以前所無的科學知識，甚至只可勉強算是基礎科學，現在則是登頂科學，專門科學，又超越專門科技而普遍應用，於科學學而言，不但難以定位，而又滲透其他各學科，單以人人可以自由免費上網閱看資訊，表達意見、傳播各種圖表影像，已跨入社會學、經濟學、美學、政治學，新聞傳播學、教育等的範圍，難以確定其只是科學學，此爲歷古之所無，以前時代所未曾有之事。是何科學規律、原理作根據？是何方法程式作發展？均難作單純的闡說。類此事物、現已多有。

經由上敘簡單的分析和分類定位，可見現代科學之神奇，穿透了一切事物，創造發現了諸多事物，才提科學學不久，尚未能充份歸納其大項，卻已難於作清楚的分別而建立分類或定位、以往任何的學門，無此概況。將來科學學的發展，更難估計預測了。

六、亞神時代的科學器物學

由於科學的發展、結合科學理論，滿足科學需要、復以科學技巧而開創出用於增進科學和科技的物品，應於科學學之外，分立科學器物學，方符實際。我國古代因前代文物的大量出土、稱之爲古器物；而研究其器形、作用、圖紋、文字、辨別其類別，真僞等、稱爲古器物學，完成於宋代，如北宋王黼編纂的《宣和博古圖》達三十卷。此類之作甚多，成爲考古學之大類，近代世界性的古器物研究、大受此影響。所以成立科學器物學，極順理成章，成立獨立學門之後，大有助於教學及研究發展。

因爲科學科技而形成之器物，實極繁多，而又分散及於諸多事事物物用品之中，難於切割而使其獨立；又有軍用，民用之分；已成之器物，更相互涉及；此一學門之切實分門別類而得當得宜，當有待科學家宏識卓見爲之裁別。依科技器物之現狀，似可分爲形而上之特殊類，包括涉及宇宙、天文之探測器物，如太空望遠鏡、太空火箭、太空站、太空船、強力撞擊機等。科學之觀測檢驗器物，因特別需要而製定者。已成爲獨立性之科技器物，如雷射、電腦、機器人等。

重大科技器物已是當前的顯學，如無人飛機、隱形器物，發展爲強項之後，爲民生之所需，國家強弱之所繫，當前仍在竭力開創之中，諸多利器，多秘而不宣。是以科技器物學不但是「科學學」的落實，而應與之分庭抗禮、以前清朝所懼的砲利船堅、即是科技器物之大者，美國成立的國家航太博物館，即係一例。

此「亞神時代」科學科技由崛起之後的全面突破發展，有諸多一般成就和特殊技能，出現了科學的教育學科和科學學。並形成科學思想和科學哲學，而予唯神、唯心學術思想以極大的刺激和壓力，逼其蛻變，並可檢驗其真實。

肆、亞神時代科技的神奇要項

一、前　言

亞神時代的科技唯有以「神奇」形容之，方為恰當。在此之前，如《封神榜》的飛天入地，順風耳、千里眼，是神話，更是超現實的夢想，如今則有過之而無不及。以飛天而言，美國的萊特兄弟於一九〇三年發明飛機、至今不過一百一十餘年、飛行器具已進入太空，各種飛機穿梭於地球的空間，又有無人駕駛飛機的出現；網際網路的功能，更超越千里眼、順風耳不知凡幾。「神奇」二字也僅能約略形容之。

科技是基於科學的進展，以萊特發明的飛機為例，只是滑行飛動而已，現在的飛機的超音速、倍音速，由飛機的機械結構之金屬與非金屬材料、飛行油料、航天儀器等，均係基於科學的科技結晶，而以科學的理論及多種發現而促成，而且時間極短，真是百年銳於千載。

二、科學科技的全面突破

回溯科技的發展，經過上文的科學定位與科學學的析明所得到的結論，以時間而言是在牛頓於一六八七年在《自然哲學的數學原理》所發表的萬有引力定律不久，隨之而有「宇宙四力」的提出，在此基礎上，方有原子時代的出現，此後而成爲科學科技全面突破銳進的時代。以萬有引力爲例，有明確的定律：「任意兩個質點有通過連心線方向上的力相互吸引。該引力的大小與它們的質乘積成正比，與它們距離的平方成反比，與兩物體的化學本質或物理狀態及中介物質無關。」其界定已夠明確了，簡單地說清楚了任何具有質量物體之間產生一種相互作用，又稱爲重力相互作用，成爲彼此之間的和偕聯繫的力量。並有數學程式顯示：

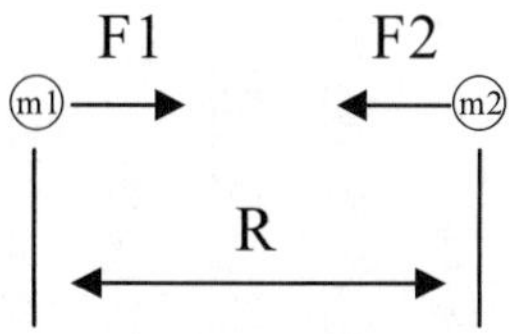

$$F1=F2=G\frac{m1\times m2}{R2}$$

又經過證驗，一切兩物體的對應力量，均係如此。太陽星系各星球的引力亦不例外。牛頓又定名爲自然哲學，即科學哲學之異名。

牛頓此一「引力」、與其後電磁力、強核交互作用、弱核交互作用，稱爲「宇宙四力」，是唯物科學的宇宙論，更是真實完整的科學學的確立，如方東美氏所析論云：

> 如牛頓所主張，科學義例象效事實，本末原委，證據確鑿，故為真理，或正似真理。設有空疏臆說，起而與之對抗，絕不能撼動其基礎。（《科學哲學與人生》。〈第三章：物質科學〉）

此論足以說明科學建構之理論基礎和科學的真義所在，牛頓雖前有所承，如哥白尼、加利略、凱卜洛等，發現了一些新事物、新理論，只是啓蒙者，惟牛頓方是開創的傑出人物，其理論有特別的闡明和證驗，是科學的典型模式，牛頓云：

這個著作我叫做自然哲學之數學原理。首章開宗明義，先把數理主文一一確立，然後仰觀天象，把行星與太陽間、行星與行星間，相互攝持的引力，抽繹出來。再進一步，依據這些攝力，按照別的數理，推證其他行星，彗星、月球及海洋之運動。同理我希望原本這些機械的法則，闡明全部自然現象。物體各自憑藉攝力，互相吸引、合同離異、遂生萬象。這種看法實有許多理由可以引證。（同上．見方東美所引）

牛頓所說，爲自然哲學開天闢地，但要加上其他「三力」、方確切而周延，但仍有未確知的「暗力」的存在。於科學而言，此前只有科學事物之呈現，於科學理論之數學原理、數學程式、並未具足，而正在萌發狀態，至牛頓而突破。

此前認爲宇宙中事物的本源，是在地、水、風、火，希臘、印度的哲學思想是如此認定，印度稱之爲「四大」，認爲有生起萬物的種子性；希臘哲學家剖成「四根」，是物變的根本；我國《尚書》、〈洪範〉的金、木、水、火、土爲五行，五者相尅相生，均由感覺經由經驗及思考判斷之下認其綿永長存，生化變動不已，形成一切事物的物變，並用以解釋宇宙的構造。但考察其思想認知，乃深以爲此四者的重要，其作用、其影響、其功能是一切物變及生起的根本，而未有深入無形本原的科學認知，故仍是物體。逮發現宇宙四力之後，方知宇宙自然物質的本源並非地水風火的四大，而爲宇宙四力，僅以萬有引力的「重力」而言，無此「重力」的周徧存在，則太陽星系和地球事物必分離崩塌。而且前此之「四大」未具明確的理論和證驗，不知四者的構成分子，以水爲例，是由二個氫原子和一個氧原子所構成，現代已調成水分子結構圖，所以水仍是物體；此前因爲不明此結構，故而不知水的物理變化和化學變化：水加熱、可變成汽體，水降溫可結冰爲固體，水缺氧則魚貝等將死亡；火的高溫、水將助炎，水分子的電子式有除垢等的作用。由水推而至地火風等，無不有其分子的構成，均在「宇宙四力」的範圍內、無一不是分子、原子、元素等所組成。證驗了「四大」、「四根」只是物變的表象，不是事物的本源。這一科學發現和證驗，其成就、其改變及影響是何等的偉大而難得，更是科學學成立的里程碑。此前只有科學事物，而無科學學的存在，故指南針、火藥也是科學事物的出現而已，因爲缺乏了理論和數據程式及作證驗等。

亞神時代科學是全面的突破，不只是歐美地區，有的國家只是領先和領先了某些項目，而又可迅即被追上，甚至被超越：每一項科學創成之後，便被深化、或成爲商品之後，彼此劇烈競爭；例如汽車、機器人、照像類的產品，不是日本人發明的，但卻成爲其與世界競爭的強項；就科學科技創出的事物，發明發現的成就而言。已到了無法項項備載的地步，而且若出現在此時代之前，均應是奇跡的呈現，以下僅就此類奇妙的發展，並影響人類生存生活之大者，予以撮述。

（一）核子彈的威能

以器物斷代、稱之爲原子時代，已與此前的非科學時代之器物完全不同。但短時期的發展後，便應稱之爲核子時代。第二次世界大戰因美國以空前的原子彈投擲於日本的廣與與長崎，以其殺傷與毀滅力的強大，迫使日本投降，結束了戰爭，也宣示了原子時代的開始。這二原子彈的威力是一點五噸和二點二噸 TNT 爆藥的威力，不久便製出威力更強大的核子彈，而進入核子時期，總稱爲核武器、由百噸級、千噸、萬噸、十萬噸、百萬噸、千萬噸級，可地爆、空爆；更可由地、空、水下進擊。現在世界上擁有此強大核彈的國家，當推美、俄、英、法、中，其中每一國家的核彈存量，均足以毀滅地球上的生物，人類具有「毀天滅地的威能」。也在思想上促進了人類的反省，人類能自己滅自己嗎？而行裁軍禁核，以邁向和平，核能也轉向和平應用的方面，有大量核能電廠的出現，也擴大核能在醫藥和農業等上的應用，人類不敢純以殺戮毀滅爲目的。

核能的研發，仍有甚大的空間，如減除其幅射力量，能絕對性或穩健掌控其爆發，以「轉禍爲福」。但如何掌控北韓、日本、伊朗等不製核子彈；或有核彈者絕對不用，至今並無絕對性的把握。一旦人類能以列印技術、「列印」而出核彈時，將是如何恐怖？可見科技創新之後，要有能夠掌控者，方可化險爲夷。

（二）大量化學製品

物理化學是現代科學學的主要項目、二者又相關密切、彼此共進，TNT 炸藥、原子、氦子等，均與之相關而出世，在二十世紀之後，更突飛猛進，創成了人類生活中的重要系列如塑膠等物品，大量生產，更精進不止。

物理化學進展快速。現代化學是在一七八九年元素表建立之後而迅速發展的，其大類別如分析化學、物理化學、有機化學、無機化學、生物化學、高分子化學、材料化學、應用化學、化學工程等，每大項又可分出諸多的小項目。在以元素爲基礎上，應用而影響的產品及製成的產品，較之自然物品，或許種類有所不及，但有其重要地位，如藥品、塑膠品等，在商場中已滿坑滿谷，廢棄的塑膠品在海洋中某處，因不能消溶而堆積的面積已超過了美國的加州。化工製物更進而粉碎了人不能創造物質，物品的局限，已往認定的物質不滅定律「物質質量既不會增加也不會減少，只會由一種形式轉化爲另一種形式。」顯然已被破壞而不切實際，例如在化學合成之物品中，可以全無辣椒的物質而合成辣椒油等，至4D、3D全無金屬而以化學物質分印出金屬鎗、汽車等（詳見後文）。物質不滅嗎？只會由一種形式轉化爲另一形式嗎？而且已由開發使用的可替代原料而至可再生原料的方法。化學所創出的新奇，已到了神和造物主的地步。至於生物化學的研究生物體的物質組成、代謝和功能，由含細胞與分子、胺基酸、蛋白質、酵素、核酸的五大單元，均大有突破性的進展，可能掀起生物變造的革命。僅以現有的成就而言，已爲科學哲學開創了新天地：人類出現了利用元素創成物品；人類能改變自然物品；人類已開發代替原料及再生原料；以往「有生於無」只是形而下之器出於形而上的「道」的理念，現在的無紙文本，已由無而有。化學可能會將創成物品的有害物質，加以革命而成無害，已現出了大有作爲，如紙的回收而成再生紙等，若無辣椒物質的辣椒油而無毒素、塑膠合成物而能再用或消溶等，已非奢望。個人順便要提出的，科學家大多認爲化學較確定的本源是煉金術；但源遠流長，而有脉絡相承，是大行於我國魏晉至隋唐期間之服食煉丹，不是以硃砂、硫磺等煉成而吞食的嗎？比之冶金只是製品而已，不能食用。「王子去求仙，丹成入九天。」此流傳的詩語，雖是成仙思想的反映，但在科學的發展史上，應是化學的正式起源，事證確實，應無反對的理由。

（三）細胞的改變生命

細胞（cell）是一切生物體細小的結構和功能的基本單位，也是病毒之外具有完整生命的最小單位。可分原核細胞和真核細胞兩大類。人類是多細胞生物，每人約有六十兆個細胞。在科學進步的促進下，顯微鏡結合光學而對細胞的新發現和培養等而成細胞學。認識到「人的生命起始於細胞核、細胞核的遺傳物質存於染色體中。」此一細胞的深入研究，是揭開生命奧秘，改造生命和征服疾病的關鍵。不是誇大，而且是在日新月異的突破之中，如幹細胞的研究會成爲二十世紀最重要的科學進展之一，「幹細胞」是廿一世紀科學界的淘金熱，也是醫療商品的寶貝。因爲幹細胞是指未分化或分化度極低、能生成各種組織器官的起源細胞，而最近已進步成全能幹細胞、具有無限分化潛能、能分化成所有組織和器官的幹細胞、對器官移植，藥物篩選、基因治療等有重要作用和價值。現在已具有發展成獨立個體的能力，出現了複製哺乳動物，如「桃莉羊」；成年體細胞複製出五十隻小鼠，也複製出公鼠，複製「戴希」通過自然繁殖而有一頭健康牛犢「諾曼」；

由試管嬰兒，到複製人，已完全可能，美國因倫理問題而立法禁止人和動物的複製；複製不等於拷貝（copy），是「無性生殖」，不由精蟲，而用身體細胞繁殖。顯示人已瀕於能創造生命的程度，以細胞改變生命，已是平常事，由身體細胞繁殖另一有相同遺傳生命個體，掌握了「如何做」。更到了能以4D列印科技以列印細胞。這發明與技術是何等的驚人，在此時代之前，誰能想像？誰能相信？

就此一科學的進展而言，是以科學器具先行發現，進而改進及改變細胞的作用及功能；由科學的分類而言，是生命化學的一大項目、而實非化學單一的項目所可達成。在科學哲學上是發現了有生命之物的物質性組織的根本，細胞的改變，是有形生命體的改進和維護，因此器官可以複製、可以列印，至無性生殖，在思想上改變了以往人對生命的一些看法，複製人和動物，能接受嗎？若完全成功，有超人的出現和某動物足以改變人類的生活需求時，將會如何？此類發展，顯然已破壞大自然的生態平衡，造成食物鏈的改變。又隨著細胞學的研發，細胞必然是生物醫學的樑柱，涉及醫藥和醫療效能，會增進人的健康和年壽，無形中影響人類的社會結構，必然非淺。如果人能活到一百五十歲以上，甚至不死亡，不可怕嗎？

（四）基因的改造生物

基因（DNA）與細胞存在有不可分的關係，是以細胞爲「載體」，在人類細胞中基因有約二萬五千個，科學家在一九一〇年之後，已建立了對基因的確切認識：基因是遺傳的功能單位，能產生特定的表型效應，無論人的才性、體質、體型，都有基因的遺傳作用的影響；它又是一個獨立的結構單位，不是依附細胞的附屬單位，其功能有長遠的獨立性；在同源的染色體之間，可以進行基因互換，但不是發生在基因之內，故不會因此改變其獨立的原本結構；基因有其突變性，由一個等位形式變爲另一等位形式；至基因確定爲分子遺傳學之後，其研究大有發展，就基因的功能分爲結構基因、調節基因，操縱基因，至發現移動基因之後，打破了基因恆定論，得知移動基因不僅能在個體的染色體組織內移動，並且能在個體間甚至種體間移動，基因的應用功能遂大有發展。故而二十世紀是開始基因體定序的世紀，二十一世紀則是功能性基因開發的世紀。

轉基因的出現及運用，是基因研究解密之後，以基因改造生物，而有轉基因作物和轉基因食品，以及轉基因動物的出現。轉基因的簡明道理是將人工分離和修飾過的基因導入某一目的生物體的基因中，從而達到改造此一生物的目的，並將不良的基因移除，以使其品質更好。此一科技出現和應用雖僅十餘年，但已大量用於農作物中，稱爲基因農作物，而以玉米、黃豆、稻食米、蔬菜爲最多，其對人體是否不利，正掀起科學界廣泛的爭論。

就科學的發展而言，已顯示此一科技，能隨人的理想，改造生物，不是複製，也不是拷貝，而是生命和生理組織的改進，不只是人力勝天，而是「人能改天」，而爲此一時代的科學偉業和奇特，科學不止於工具之學，物質之學，而已是生命之學。

（五）賦機具以靈智

由古至今，人類創造了千千萬萬的工具，以往均無靈智，只能由人操作運用，諸葛亮的木牛流馬，只是傳說；工業革命的機械，只多了一些自動的功能而機身更進步，但有人工智能之後，人與機具不但共同存在、應將共同活動，甚至共同生活，人類的社會基礎結構，將呈現何種「面貌」？有生命與無生命，熱血與無血性者同居一室，結果如何？已不是假設，真不敢想像機器人程式失靈失控之後，而傷人辱人時，如何處置。有人工智能的，不止於機器人，而及於飛機、炸彈、手機等。以前無此類的器具用品。

（六）全創性的雷射

事前沒有理論依據，也無自然性物質成份，類似再生能源而真正橫空出世的，便是「雷射」（英文縮寫爲 Laser），它是通過激幅射而產生和放大的光，亦名爲激光。完全爲人類憑空所創出。由「激發來源」、「增益介質」、「共振結構」三者組成而產生。即電子、光子、化學物等的組合，經由機械作用產生的受激幅射，其表現爲直線光束前進。簡明的原理是由一些受激幅射的光子碰到其他因外加能量而躍上高能級的電子時，又會再產生更多同樣的光子。光的強度越來越大，其所有的光子，都有相同的頻率、相位、前進的方向，故光束不會散開、變弱、而又直線進行，不同於一般光的散漫前進。

雷射是二十世紀才新興的科技，我們多已在不同的慶典和大型活動上見識過雷射光束的直射光芒，那深藍色的燦爛，只是其外貌，但至今已依其特性開發出廣泛的用途，最主要的用於光纖通訊、雷射測距、雷射掃瞄，上升爲軍事上的重要武器，不但用於飛彈防禦系統，各國更競相發展成多種的毀滅武器；也應用成多種有特殊效果的商品，如醫學上的美容和手術，最普及的是光碟、超市條碼掃瞄儀，指紋探測，其整體的表現，已深入人類的生活之中。

（七）顯微的微生物

微生物早於其他生物的存在，而是此前不能發現和覺知其存在，以其形體細微至人的視線及感覺官能均不能發現，故稱之爲微生物；待顯微鏡這一偉大而奇特的工具發明之後，才約略知之；至進步成爲精細的電子顯微鏡之後，才使之形體畢現，可以說是顯微鏡下才知悉的微生物。

微生物中以細菌最特殊而具代表性，是地球最早而又種類最多，亞神時代以前從未有任何記錄和名稱的存在、科學家發現之後，認爲在三十七億年以前便有了，人類出現的年代，不及其零頭，實是二十世紀的大事和奇事。

顯微鏡的發明人只有傳說，不可確考爲誰。正式的使用，則爲一六一一年伽利略用以觀察昆蟲的複眼；其後由一八五〇年至一八八〇年有多名的發明者；至半導體、奈米科技成熟之後，才有電子顯微鏡的應運而生，較舊式的功能增加以十萬倍的顯微效果；最先發現細菌的人，相傳是十七世紀荷蘭工匠的列文虎克（Antoni van Leeuwenhoek），他制成了放大二百倍的顯微鏡，但真正發現微生物的細菌病毒真菌的是法國巴黎師範大學教授巴斯德（Louis Pasteur），在一九九五年聯合國教科文組織定此年爲「巴斯德年」的全球性活動，巴斯德是微生物學的先驅，也是建立者。他以提倡疾病細菌學說，發明預防接種法，創造狂犬病和炭疽疫苗，他逝世在十九世紀末。由細菌及病毒的發現，他在理論上否決了疾病的自然發生說，這是思想理念的大突破，也擴大了科學哲學的領域，有果必有因，由果而發現了因。

微生物是細微生物的總稱，常識性的瞭解是能發酵發炎及致病，但科學家發展成了微生物醫學，作用極多。此物共計有五大族類：（一）細菌：有極多的種類和難以計算的數目，而又無聲無息，不見形迹地活動在我們的四周，甚至以人體爲宿主而生存。科學家以其無細胞核與胞器、稱之爲原核生物，大多爲無害。細菌有可怕的一類、很多「病原體」是由其所造成，如霍亂、破傷風、傷寒、肺炎、梅毒、肺結核至食物中毒等，又加以培養可成細菌戰。但在抗生素等的防制下，細菌已無大害。細菌可造成環境污染、也能清除一些污染，在食品上襄助產生發酵的製品，如乳類、酒類等。與原核生物相對的是真核細菌、因其含有細胞核之故。又分出古細菌，具有上述二類細菌的一些特徵，爲生活在極端生態環境中的細菌。細菌研究成爲專門的細菌學，是新興的科技，正在迅速發展之中，爲微生物學的分支，其主要的工作是辨認細菌、培養細菌、分類細菌、找出細菌種種的特徵。但其應用除了研究遺傳信息，生化代謝反應的大方向外，用之於醫療及食品等，已成效卓著。但意想不到的，是利用細菌發電，先進國家各有成效，但秘而不宣。細菌發電可能是未來最基本、最清潔的能源之一。（二）真菌：以酵母菌、黴菌爲主，科學家經過檢驗把誤認爲植物的菰類——以其結構與真菌相同而改列爲真菌類，以體形的大小而論，不能算是微生物，而又早已發現爲食物和中醫藥品的如靈芝、猴頭菇、冬蟲夏草等，早已熟知。酵母菌當然是微生物，但發酵用釀造酒類等，早已應用；黴菌則幾無所不在，包括發霉，形成諸多疾病，如癬斑、香港腳、灰指甲、陰道炎等。對治而有抗黴菌外用藥。菇類的食用藥用，則成為諸多的商品。（三）藻類：同於菇類因結構而列入微生物，生活於淡水，海水及潮濕沼澤處，甚至空中雲中亦有，能補充能源，致善水污染等。（四）原生蟲：此一單細胞的真核生物，可以減少細菌數量，與寄生蟲有密切的關係，其應用仍在研究發展階段。（五）病毒：是最小的微生物，一旦進入宿主的細胞，便成流行性感冒病毒、疱疹病毒等，當前以H1N1、H7N9病毒最可畏怖！現在的伊波拉（Ebola）病毒則更猛烈，威脅全球。

以上五大微生物，現代才完全發現而有確切的分類而確認，正在研究之中，成為微生物學，而以細菌居重要地位，關係人類的生存生活最為密切。我們要辨別的，細菌是細胞形成的微生物，細胞是具有完整生命力的生物之最小單位，微生物因細胞組織之不同而分類。

微生物之發現，有如科學家對太空暗物質（包括「四力」）之發現，但生物方面除微生物外應無其他生物之存在，此爲科學層面對已往生物種類之空前突破。

（八）培養昆蟲代作肉食

人類的生生相繼、壽命延長，在本世紀末，全球人口將超過一百億，而陸地必因而大減縮，人住於何處將成爲大問題之時，能有大面積生產糧食，飼養牛羊豬雞等嗎？科學家覺察了危機、也得出了解救之法和最先的商機；奧地利的設計師恩格設計出「昆蟲繁殖機」，讓使用者能養蟲、產卵、孵化之後，可得到富有高蛋白質的蟲蟲當美味食物，以代替肉品，並定名爲「四三二農場」，標示在四百三十二小時之內，一公克的蟲卵，養成二點四公斤的蟲蟲。人類吃蠍子、蚯蚓等，雖已有前例，但此類蟲蟲所不同的，並不是真的某類蟲子，並無足、翅等，只是食用一類。其發展如何？尚待將來而見結果。但此一刺激可能引發諸多類似的觸動，比之網箱養魚貝、大網棚的肥料水液種蔬菜果瓜、更超出多多。最新的大突破是網路「列印」的人造蛋和人造雞牛肉等，目前已有投資成商品而生產者。

（九）電腦及網路之奇

以一工具性的器具，應用至或大或小的無數工農商學兵各方面，又可專業性作三大項的發展，而又人人使用，突破不停，當共推電腦和其構成網路之神奇。電腦原名計算機科學（computer, automatic computer, electlonic computer），由供電系統，硬體系統、軟件、附屬系統所組成。由美國的科學家所發明，後爲舉世共用。在單獨使用時，其計算功能等已效果驚人，有多種設計檢驗功效。至以多台電腦組成網際網路，又稱互聯網（Internet）、譯稱英特爾。先由傳達訊息不會斷絕而又快捷無誤的用途，擴大至商業、文化、科技訊息、文字圖像等輸送儲存等方面，已成此前所無的利器；至超級電腦之後，人人可以上網，接受搜尋所需的資訊，發表個人的文篇、電子郵件、語音通訊，已無時空的阻隔，不受阻礙，甚至不需付費；因已無紙化，又可以建立個人的圖書館、資料庫，一張光碟，可以取代上億字的紙本書的貯存量，加上電子書的出現，改變了圖書館，更能串聯中外無數的圖書館，資訊能在網上的大量儲存和無阻礙的流通；而且文書圖照等輸入資料庫或光碟之後，不但無蟲咬、字壞和水火之災的毀損，又不需廣大的儲放場地和設施，勝過如天一閣及任何藏書家的謹慎愛護，而又迅即可以查出使用。至於協助人的各種工作及有助思惟，電腦更已具有智慧功能，又在不斷提升之中。

網際網路在一九八九年三月十二日由歐洲核子研究組織的提姆柏納李（Sir Timothy John Berners-Lee）並製出世界第一個網頁瀏覽器WWW，提出「全球資訊網」的構想，其始不過欲保全並彙整其蒐集之資料，但經過僅二十五年的發展，更與其他競爭者共進，其後免費而向大眾公開使用，遂至「個人電腦改變了我們的工作方式。」但全球資訊網改變並衝擊眾多產業，顯而易見的是音樂、電影、新聞和更多產業及傳統經營模式，都因全球資訊網提供的免費內容，而產生劇變。最大而無可估計的是改變了人類的生活，不止是網路交易，網路銀行，網路資訊而已，而是任何地區的任何人，都可以在網路上閱聽他人的訊息，更可發表自己的訊息，不受任何的干擾。除了網路技術之外，任何政治人物，無法加以限制，此一資訊所產生的力量和影響，將無以估量。

（十）列印功能的出現

與電腦有一體關係的列印、加上軟體設計、加入化學物質，促成 3D、4D 的科技大突破，有了列印物品的出現。先是 3D 的多方面應用，如美空軍的飛行員頭盔，可三百六十度旋轉，作智能性選定目標而或先或後加以擊毀；現在列印已如工廠，美國加洲的「固體概念」公司已表示，造出了全球首見以 3D 印表機（3D Printing）製造的金屬槍，射擊時多次命中靶心。在製造此仿一九一一年份的霰彈槍時，是一部功能強化的桌上型印表機，製成了卅多個不鏽鋼與其他金屬零件，結合雷射燒結法印製一把金屬槍枝，證明 3D 金屬列印的可靠，其槍的精確可用，而且五天可以交件。至於成本的高昂則是另一問題。公司名爲「固體概念」似乎運用固體的金屬概念而形成作此槍的材料，並非實質以金屬作材料，其難及處在此。因爲以 3D 列印科技製造武器已不是新聞，不用金屬材料而製成如用了多種金屬的槍，才難能而可貴，並成立此私人公司，可見此種科技已臻成熟。

繼 3D 之後，是 4D 技術更進步、更快速、應用更廣。在列印方面，於液化材料中加入不同的化學物質，則仰能列印的物品，幾可無所不包，而其硬體設備則仍如往常。能使用這些設備的科技者，人人在座位上可以是諸多物品的生產者，將來可能處處是工廠，成爲已宣告是第三次工業革命的來臨的主力之一。美國科學家已宣示：將擁有「形狀記憶」的聚合纖維混入傳統 3D 列印使用的複合材料中，可使列印之物隨時間而改變形狀，可製造出自動變形的坦克車輛之類，適應當時地形及適時保護之用。此項宣言無異宣告已將 4D 技術擴大應用到戰爭，將來 4D 技術使材料擁有自動組裝的功能，在軍事應用領域極具潛力，武器等可在戰地製成組合，因而後勤補給系統將改觀。未來的變化，誠難預測；可以立見的是難於防止恐怖份子以之製成武器而作恐怖活動之用。

台灣不是 3D、4D 技術的先進，但努力發展之後，在此一科技應用上，已到了普及的地步，最近已出現三輪腳踏車設置爲「行動圓晶廠」，小車上的電腦、3D 列印機、加上塑料攪碎機、抽絲機，能向民眾回收的塑膠品如塑膠袋、寶特瓶之類，啓動機器設備，不到半小時，便列印出一枚白徽章、這位有心的推動者闞凱宇結合志同道合的朋友，以 3D 列印技術的實際行動，不但表示要改變台灣有關業者設計產業的思惟和方向，更快速地能利用廢料回收，由列印技術成爲用品。解決某些困難之後，是此一技術的普遍應用，必然將落實，某些工廠和產品，就在家裏、和電腦3D列印機上生產。更是第三次工業革命的大力而普遍的推行者。

（十一）第三工業革命

科技改變了數千年農耕社會的結構，縮少了世界各地區的距離，成爲地球村，最關鍵的起因，是始於十八世紀末的第一次工業革命，以機械生產，大規模的工廠崛起、工業勞動的工人，工作藝品的績效，超過了農民，促使工商業發達之爭市場，搶資源的帝國主義大行其道，由歐洲美洲擴展至全世界；緊接著是第二次工業革命的發生，更精進的機械、以電力爲主的動能，促使工商業大進，由一八七〇年至一九一四年，美國和日本加入了與美德競爭的行列，成爲要角，但未有明顯的起訖年代，因値第二次世界大戰前後之故。現代的《第三次工業革命》，由美國里夫金（Jeremy Rifkin）此書所提出，並明言此一革命、已立即展開，其具有之特點甚多：首先是再生能源，將取代石化能源，因石油、油氣儲藏量有限，必然有取盡用竭的時候。太陽能、風能、水能、地熱能、海洋波浪能、生物物能、月球物質、天空雷電等能源，必然要開發，人類的科技亦能使之再生。現有的和新的建築物順應而爲發電廠：電池等之「儲存介質」（指儲存裝置所能產生的作用，如磁能存儲的硬碟、軟碟、磁帶）可廣泛使用，如插電式電動車、燃料電動車。再者互聯網技術之3D、4D的列印技術作用之外，各大洲的電網、改造成節能作用，如互聯網之共享上網而將多餘電力與對方分享，運輸工具可以由插頭購買和出售電力。此次工業革命聚焦於能源和生產，顯然必以電腦的網際網路及所創出的3D、4D爲重心而促成。但實際上任何科技與之相關而有重大的突破，必促使此次工業革命的加速進行和提升，例如機械人之應用。

第三次工業革命其實不待宣告而早已無聲地開始了，但大異於前二次之處，不只是機械性的工具，而是以智慧性的設計之軟件爲主體，機械只是工具性、有待人工智能的支配，此一智能可遍及一切工具之應用。地域已不限於歐洲和美洲，全世界均已捲入，亞洲的人口最多，不但是新興的世界最大市場，更是智慧性人才的大地區、我國、韓國、印度、日本的地位，已極爲突出。工業革命的項目及工具特技，雖有先進國家和落後地區之別，但在水準日漸拉平之後，必形成智慧的總較量和無數科技的分別比賽之後，非任何一國所可專擅獨斷，此次工業革命的成果與人口的多寡，數質的高下、教育的培育和開創發明的鼓舞，必然大有關係，「D」（3D列印）和「G」（基因工程）的科技發展，更是關鍵。

三、入神時代的科技預估

學海無涯、科學更無涯、科技的創新尤無止境，這是「亞神時代」科學發展的實況。上述諸要項、對於所有科技，真有掛一漏萬之感，因爲任何技術與產品，由生產、行銷至包裝之微等，展開求精求美求方便、能有競爭力之重重改進與創新，並使各具特色，而日新月異，其成就難於羅列縷述。試以單一用品之筆與鐘錶爲例，已是千品萬樣，如樹木花草之多，而爭奇鬥勝。「亞神時代」漸將結束，人類的科技創造到神的地步，是「人工人」的將與人共組成社會，成爲前所未見的人群結構。如果說上帝依祂的形貌而造人，但這只是宗教神話，現在人已倣人的形體而造出機器人的「人工人」，將由組成工廠，漸入人類各行業，預期數十年左右，「人工人」多至成群結隊、其智慧能量進至與人無幾，方是「入神時代」的全面開始，現已在漸進之中，科學家估計將在五十年至一百年之間實現。並預測科技在五十年內將（一）載人火星探測。（二）在月球定居。（三）建太空工廠。（四）在小行星採礦。（五）擦除記憶，大腦移植、甚至遠離死亡獲得永生。將消滅的是常使用的煙灰缸、郵局、錢包、枱式電腦等。另有以一百年爲期的不同科技的預料：（一）能上網的隱形眼鏡。（二）人體器官商店。（三）讀心術。（四）滅絕動物復活。（五）延緩衰老達百分之三十。（六）變形。（七）星際飛船。（八）人與機器人融合。（九）戰勝癌症。（十）太空電梯。

以上不是天方夜談，由現代的科技創新、已可推證其可能性，其項目可能遜於所舉敘之奇異，但必然有其他更多更新的項目出現。人類因年壽之延長，社會由人與「人工人」所共組，其時之倫理道德、法律規範、思想理念、生活情狀等，必有出乎現代理性習慣之外者而進入新人類主義。在「亞神時代」已有代人生子之「孕母」，同性之正式婚姻。「入神時代」可能自體生殖，人與「人造人」結婚，亦不無可能。其變化之大之奇，屆時方能見知而有不能逆料者。

伍、亞神時代的科學哲學

一、前言

亞神時代的科學成就，輝煌無比，波瀾壯闊，深廣無垠，已如上文所略述。隨之而有科學哲學的形成，最簡明的原因是科學不止「一技」，突破了物質，能量呈現的器物形體之局限，躍入了哲學形而上的範疇。就學門的發展而言，哲學曾是科學之母，至此失去此一主導地位，傳統的思想家不得不承認科學哲學的「異軍突起」，縱貶抑其爲哲學的分枝，而科學哲學的成就和能證驗的真實，並隨科學科技的進步而日新又新，呈現能改變人類和社會的實際，不是唯心、唯神甚至此前的唯物哲學等所可望其項背，故已成爲獨特的哲學學門，對科學呈現絕大的指導性和監督的影響，而可能最足以影響人類的禍福。

二、科學哲學的基礎

科學哲學由牛頓立名為自然哲學而肇始，其後因科學發展超出衆多的自然物類，如化學物品、雷射、網際網路、人工智能「人工人」等，惟以科學哲學方能概括而得當。科學哲學乃近代突破傳統的唯神、唯心的思想和哲學宗派而橫空出世，自有其特異形成的原由，以器物斷代係從原子彈出現開始，而思想的基礎和演進，則應從科學科技和科學哲學的別異之處先作分析：

科學科技是由物質、能量而創新或改進之器物。科學哲學則是探求超物質、能量而創改器物的本源，超出器物的形體，乃形而上的存在。

科學科技所創成之物品，其應用的效能，仍在此物品的範圍，乃科學技術；如超出科技之效能，而影響思想層級者乃科學哲學；如原子彈升為核彈，乃科技之進步；如何改變為和平用途，如何運用科技防制監督其使用乃科學哲學。

由科技所發現而超乎物質、能量的器用而在科學學之學門外的，是科學哲學。

由科技所創之器具、技能，影響人類及社會的倫理道德及明規則、潛規則者爲科學哲學。科學尋求如何發現問題，改變世界；科學哲學則求發問題之真實而完善，改變世界而又無危害，指陳如何防制危害等。

科學探求如何激發改進人類之潛能及現狀；科學哲學則求導正人類之潛能以改善現狀。

科學與科學哲學最密切的關係，在科學科技能發現事物的本源，而爲科學哲學的思想理論基礎；而科學哲學的思想、方法、意念，能引領科學科技的開創。兩者又直接或間接地影響學術思想和文化，因爲人間世的智慧經驗等的形成，以致傳承和發展，均有千絲萬縷的相互作用。

科學和科學哲學的共同基礎是建立在數學的發展上，因爲數學原本具有超乎物質、能量的哲學性質，先由一至十及零的數字而言，可指某一實際事物、也可泛指任一事物；至算式之後，而有公式、定律、方程式、代數、幾何、三角涵數，座標等，尤其成爲科學的系統數據，加上以鐘錶和測量的尺碼等工具，分割時間爲小時、分、秒，分空間爲里、丈、尺、寸、公分、公釐之後，使自然事物和非自然事物，皆可計量，成爲具體的顯示；科學科技的公式，科學哲學上的於無限時空，呈現可計量、可檢驗的「維」和「量」，超越事物的形體相狀等而作形而上的表示，如「物質不滅」，而物質可計，「能量不滅」，而能量可量，以致虛空的宇宙及時空均能作具體性的顯示，成爲科學和科學哲學能以數據數位的程式表現，均可檢驗其真實性。相形相比較之下，以往的哲學論證和思想陳述，皆近於憑心任性，游談無根，故科學哲學因而有確切的牢固基礎，即在於數學。

三、科學哲學的形成

科學哲學的可貴開始，是脫離了唯神思想的樊籬，此前的哥白尼之「日心說」，以太陽爲中心，反對以地球爲中心；伽利略進而以望遠鏡作觀察和證實，他的地球是圓的，是動的，此說爲天主教所不容，因有破壞世界及萬物由神所造的「七日說」，而受異端裁判所的審判，壓迫收回其所說，並判處軟禁，乃科學發展的初始爲神學所不容。至牛頓的萬有引力定律，十九世末馬克士威於一九八〇年的電磁理論，同時期的美國賓州大學的阿許特卡等，發表「弱核作用」、「強核作用」，合稱「宇宙四力」或「自然四力」，由地球以至太陽星系均不可缺，如無此四力，則星球不能存在，各星球之上所有的一切事物必全無依附，生物無以存活，而經驗證其爲真實。此四力既是科學的，有數學的數據程式爲表銓，又是哲學的，乃形而上的能量存在，而爲構成地、水、風火的本原，揭露了地、水、風、火只是物體，而非物質能量。換而言之，縱非係此前哲學所擬議的宇宙本源，然已確知是宇宙間一切物質、能量的構成根本，更爲太陽星系和宇宙間事物能存在，能生成的根本。是科學哲學橫空出現、不能磨滅駁倒的信證。此四力的特性如下：

而以牛頓的發現爲主要的開始，成爲科學哲學的開創偉人。

㈠**重力：**萬有引力是重力（Gravity）的異名，是物體重量的來源，而有（Graviation）爲專有名詞，乃受伽利略所建立的靜力學的影響，伽利略以有名的實驗，推翻亞理士多德「物體下落速度和重量成比例」的學說，他的材料力學、動力學、和《論重力》、影響牛頓、應是牛頓之萬有引力稱之爲重力的主因。牛頓明確界定「凡是具有質量的物質間都有引力。」乃由於物質的本身在兩物質之間的交互作用。即使太陽系的星球，也是以各自的重力而維持運動中的平衡，各個星球有重力，而有重力的力場。他有第一定律慣性定律，簡明的意義是若無外力，則物體靜者恆靜，動者恆動。第二定律界定物體的受外力影響時，力量越大，則速度愈快。第三定律爲確定力的作用與反作用，每一施加於此物體的力量，都同時產生大小相等，方位相反的反作用力。此一重力的論證，不止於引力，是物理學上空前的發現，牛頓自謂可以闡明全部自然現象，雖有些誇大，但也確係空前而劃時代的物理發現。所謂重力，不是普通所謂力量（power），最不同之處的是有重力力場，此力恆久而不會消失；由物體產生，而無物體的體質性質；在宇宙間是形而上的存在，卻可以用數學的算式表示；此重力充塞於宇宙及事物之間，流轉而不停息，地、水、風、火亦受其支配及維持其存在，故具有本體性質。

(二)**電磁力**：電荷、電流在電磁場中之力總稱爲電磁力，是與重力完全不同的存在，只存在於帶電子的事物上，因物質之中的一種物質性質、而稱爲電荷，故稱帶有電荷的物質稱爲「帶電物質」、兩個帶電物質之間相互以作用力加於對方，也會感受對方的作用力。此電荷有「正電荷」與「負電荷」，二物質同具有正電荷和負電荷時，則稱爲「同電性」，否則係「異電性」，同電性者相互起排斥力；

異電性者相互起吸引力；因此，次原子粒子帶有電荷的粒子，電荷決定了成爲帶電核子，靜止的帶電粒子，產生電場，移動中的粒子爲帶電磁場，帶電粒子也會被電磁場所影響，一個帶電粒子與電磁場之間的交互作用力稱爲電磁力或電磁交互作用。電存在於所有物中，通常處於平衡狀態、如摩擦動作則使電從一物體流動至另一物體。這是電磁力作用於所有事物的原理，無形體而作用偏及一切物體，而有內在的規律性，此前人類生存活動在具電磁力的事物和空間中而不覺知。更非其後開發的電力。因爲它是一種自然界普遍而基本的相互作用，是一種長程力，其力程無窮無盡。現已成爲開發應用科技的電磁學。此學又有廣義和狹義之分，廣義是包含電學與磁學，狹義是探討電性與磁性的物理學。由導電性而發展的半導體，已成工商產業產品中具有最大的影響力的電子產品；而零電阻和完全抗磁性則發展爲超導現象的超導體、磁浮及磁浮列車、尤其電磁脈沖和電磁砲，已成軍用的犀利武器。自科學哲學的體用關係而言，有電磁之體，方有其後諸多之用。

㈢**強核作用力：**亦稱強相互作用，結合夸克組成質子或中子時發生的作用力。所有存在宇宙中的物體，都是由原子構成，而原子核是由中子和質子組成，中子無電荷，質子帶正電，核子間的核力，抵抗了質子之間的強大電磁力維持了原子核的穩定。原子核中的質子沒有因電磁力相互排斥，反而聚集在一起，這作用力，稱為強作用力。至一九六四年時默里蓋爾曼（Murray Gell-Mann）與喬治次威格（George Zweig）提出「夸克」（quark）模型，介子是由夸克和反夸克所組成，重子是由三個夸克所組成，而瞭解了無限小的粒子世界。強核作用力得到堅強的信證，而有第四夸克、第五、第六夸克的出現。強核力是作用於強子間的力。此一發現和證驗，也是科學門的物理重要哲理。

㈣**弱核作用力**：亦稱弱相互作用、或弱核力，為吳健雄與同事所發現。中子釋放電子和微子後變為質子時發生作用。物理學家以引發放射性的作用是短程力，所以稱為弱核力，會引起放射性衰變。而且在生物體系中，弱相互作用是一種普遍存在的作用。

以上「四力」是形而上的普遍存在、不同於一般理念的力量，已由科技驗證為宇宙間物質和能量的本源，是宇宙物質性的本體論，脫出了空談臆想唯神、唯心的本體論而有真實的檢驗。如果此後沒有信而可徵的宇宙本體論的出現，則此係最後最可信的宇宙本體的發現。科學哲學即建立在此堅實的基礎上而大力展開，至愛因斯坦的〈廣義相對論〉〈狹義相對論〉而成重大的發展和影響。自由體起用而言，有了諸多科技的創出，幾全面改變了人類的生活和活動，添增了醫藥等健康幸福長壽的保障，而見其影響人生及人類之諸多因數。

「四力」的爲科學哲學的基礎，難以致疑。但深感遺憾和不滿意的，依此四者則成爲宇宙本體的多元論，何況尚有不知性質和多寡的暗物質、暗能量，可能更有其他發現。就此四者而言，仍應不是唯一的根本，故共認有一種「場」的存在而爲「統一場論」，相傳愛因斯坦晚年致力於此，因未完成，而信了摩尼教。但此一努力迄未放棄，科學家用精密的儀器，如由普遍的望遠鏡升級爲太空望遠鏡，結合大電腦，由天文臺而進入太空，能自由移動，有哈勃空間望遠鏡、韋伯太空望遠鏡、克卜勒太空望遠鏡、史匹哲太空望遠鏡、紅外線太空望遠鏡、蓋亞太空望遠鏡等，均取得宇宙間諸多的探測的成效，又多秘而不宣。以蓋亞爲例，由歐洲航天局策劃，耗資超過二十億英磅，於二〇一三年十二月十九日發射，求能更發現宇宙之秘，包括爆炸的恆星，太陽系以外的星系，描繪銀河系超過十億繁星的星圖等。此外人類的太空飛行活動，登陸月球，探測火星、建立太空站等，均在求如伽利略的望遠鏡更獲得宇宙之秘，其目標不是單一的，此等大規模而又持續不斷的活動，就科學哲學而言，最大的希望是解決「統一場論」的宇宙本源問題；若再發現新物質、新能量，亦重大而難得；探求出黑洞真像等，均關係宇宙之大秘密。鑑往知來，可作最樂觀的期待。

四、宇宙學的大爆炸說

追隨科技的發展，最新興的學門是天文學與宇宙學的興起，航空學、氣象學、地球物理學等，均與宇宙學有密切的關聯，爲科學哲學而轟動震驚的、則推「大爆炸說」。

大爆炸（Big Bang）的簡單理論是說明宇宙乃「由一個極緊密，極熾熱的奇異點（Singularity）膨脹到現在的狀態。」其模型亦極簡明：

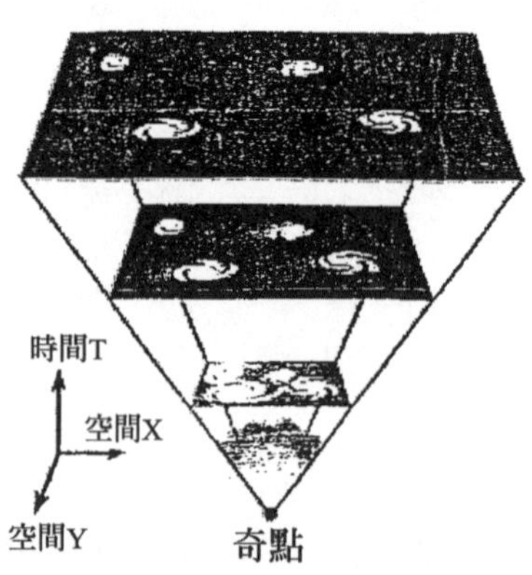

根據大爆炸理論，宇宙是由一個極緊密、極熾熱的奇點膨脹到現在的狀態。見維基百科「大爆炸」條，此模型由奇點開始，而如多層的茶几，向上擴大，以表宇宙之構成及星系之出現。

這一模型的框架基於愛因斯坦的〈廣義相對論〉等，大爆炸由英國天文學家弗雷德、霍伊爾（Fred Hoyle）所採用。接受此一名詞和理論的科學家甚多，其後有觀測證據如：（一）哈勃定理和宇宙膨脹。（二）宇宙微波背景幅射。（三）原始物質豐度。（四）星系演變和分布等，成爲大爆炸說的四大支柱。此一理論展延至今，因美國科學團隊宣布觀測至宇宙膨脹的重力波印記、作爲證據、物理界認爲是搶到了「聖杯」。其實仍是一種探測加上想像的發現，不能確定是真實的「聖杯」、但科學家尤其是天文界、物理界，當然地推測地認爲對宇宙之秘、知道了很多，但也推論了很多，更解說了很多，惜均無確證，尚難成揭秘窮妙的真確的宇宙論，因爲科學家也疑信相參。

大爆炸說有不合事理之處、科學家運用科技探測的結果，已多有正確而驚人的揭秘，更因其誇大失實而加以修改者，如「極熾熱的奇異點」，已經放棄認爲無此必要。並有了超越大爆炸理論的物理學，認爲對宇宙誕生最早期的那一刻人們還幾乎一無所知，認爲現在僅提出了一些設想，但每一個設想都還基於一些還沒有任何驗證的假說。所以反對和修正大爆炸理論的科學哲學家，提出了諸多的質疑：一、「奇異點」非科學用語、確實的涵義是什麼？二、奇異點的存在，不需要時間和空間而能存在嗎？三、時空能因大爆點才開始嗎？四、大爆炸的能量是什麼？如何而引爆？五、宇宙間三至四百億顆星球如何而形成？擠壓說的有力證據何在？六、曾發現有星球早於大爆炸而存在，雖被否定，若有確證被發現，檢驗爲真實，則原始即有的宇宙豈不推翻了大爆炸的宇宙論？七、大爆炸發散，宇宙不斷地膨脹，何以經歷了一百三十七億年而未爆炸、未毀滅？八、預測宇宙將在三十億年而毀滅，可能性只達百分之五十，這豈不是近於牆頭草的推測嗎？九、宇宙內有重力、有反重力；有能量、有暗能力；有明物質，不要探求其更多、更全面的結果方能有定論而經得住檢驗嗎？故大爆炸說雖聳聽聞，而亦疑信參半，由提出此說和力求證明者，多有誇大而立意鳴高之嫌。

就事論事，以宇宙之無垠，蘊藏事物之奇特而衆多，人類之科技雖極高明以求明究竟，仍如以蠡測海，縱然知道了很多，其所不知的更多，尤其可能有不能確知的存在。由科學哲學的發展而言；宇宙是一元論？是多元論？是有機體？是機械體？時間和空間的起源和性質如何？均有如謎而待揭謎。但由科技之進展，科學持續不歇的努力，可以作樂觀的期待。

五、能計算的宇宙

科學和科技以數學為基礎，以系統的數據數位作具體算式或程式顯示其結果，並可檢驗、成為準則，發展至「算天算地」，算出地球和宇宙的形體，有此進行的基礎，是由樹木的年輪發現，結合光速而成「光年」，以計算出「天地」之大，地球古今之久等。

發現確定樹木生長在地球上一年，在樹心呈現一圓圈，由樹木的橫斷面可以清楚地看到那深淺交錯而呈現這樹的年齡而被稱為年輪，所以科學家稱之為地球活檔案。年輪促成了甚多消失生物的年壽記錄。二十世紀初美國科學家道格拉斯（A.E Douglass）開創了樹木年輪研究，得到「世界上最長的樹木年輪表已經突破萬年界線」的成果。樹木的年輪又有諸多地球氣候水旱災變的「記錄」，可供研究。更要強調其對宇宙的時間能作記錄的計算單位，是以此自然樹木的「年」為基點，因為沒有以月、日為能計算單位的事物出現。至年與光速連接而有「光年」、光經測量工具測定其秒速約三十萬里，一光年約為九萬四千六百億公里，而確實地算估宇宙之大之久。

㈠**地球之大：**在科技工具為主的探測和計算之下，知道了地球之大和能動的實際。

地球距太陽約一億四千九百萬公里。

地球繞日週期：三六五天五小時四十分。

地球自轉週期：二十三小時五十六分四點一秒。

月球自轉週期：二十七點三天。

太陽星系諸星的大小、距地球的遠近，各星的天候概況，物質元素等，依此而均有數據。由時空作基點，可以說人類已確知太陽星系的情況，更以科學工具估計太陽將因熱能的消散，會變黑變矮。古人的天地觀，相比之下，太幼稚、太空泛、又只限於日升月沉的表相而已。

㈡**宇宙之廣：**宇宙無邊際、無存在端倪可論，原本僅限於太陽月亮和銀河現象的宇宙，現代對其廣袤，有了頗正確的計算數據：

全宇宙的的縱橫距離爲九百三十億光年，經哈博望遠鏡則測定爲一百三十八億光年。

全宇宙間有三至四百億顆星充塞其間，望遠鏡觀測不到的小星，應不知其數。這大概的測算仍不精確，將來更進步更精密的科技，應能不斷的修正，得出更精確的數字。如與此前的情況作比較，則宇宙只是天空而已，茫茫天宇，何能知其廣大！縱此前多有估計，現在已能證驗爲胡說杜撰。

六、宇宙的圖譜

宇宙似難解的大謎題，科技僅能作特定的一些探測，科學確實已知道了很多，就其實況而言，也只能是略知大概，但爲宇宙作推論及闡說的而成爲宇宙學的、繁有其人，更多有不囿於牛頓、愛因斯坦的論說，如美國知名天文學家卡爾、薩根（Carl Edward Sagan）所說：「宇宙就是現在、過去、未來的一切。」似乎近於我國古哲所界定：上下四方謂之宇、古往來今謂之宙，但在科技儀器測定宇宙而有諸多數據及物質、能量等之後，超出空泛的推論和想像，科學家認定已如爲宇宙定了「身份證」，可以調出而看清楚形狀，如下圖的相狀，然是否真實，仍難斷定：

圖一：因負曲率而成馬鞍形宇宙

圖二：因正曲率而作球面形。

圖三：因零曲率而作四方平面形宇宙。

曲率如何能決定宇宙形狀？真的宇宙形狀，則應超出宇宙之外，或站在宇宙的頂點，而且要有觀測全面的技能，才能由形體構成相狀；而且似不宜有有此三種形狀，因其無法相容併存，又何能有三種之多？何況以此三者是科學家依「曲率決定」、出於推論想像而繪製，因略有所本，是宇宙形狀的呈現。可見科學家於宇宙的探究尚在持續不懈地進行，而仍多未明白。

最新的是求證暗物質是星球星系的構成根本，也是宇宙事物的本源，而更求證實，正在科學界大力推動之中。有十六國的參與和支持，六百位有名科學家組成二組團隊，以便相互監督和作相互比較研究，投入資經費超過廿五億美元，已有可樂觀的結果呈現。已認爲「暗物質」不是廣泛的名詞，而是一種專門特殊存在的物質，推測其佔宇宙組成的四分之一，並不與其他物質起互動反應，也發現了「當暗物質撞到我們，會直接穿過身體，好像入無人之境。」故而見其特性。非已發現之明物質能比。其初步證明已有線狀圖。也立名爲正子。

與之作類似研究的，尚有粒子的求證。故可樂見宇宙的最大最後揭露、已爲期不遠，科學哲學將有驚奇的明確內容。

由科學哲學的基礎和形成，是由科技的大突破，使物質和能量的發現和創新，上昇至宇宙的本源，不止於器用；人類的智慧，展現了如神的奇妙，改變了諸多原始自然生物的狀態，創造了超越自然生物的人造物類；科學的思想觀念的觸發和飆起，自成獨特的體系，科學哲學應運而生，沖擊傳統的思想理念。改變了人類和社會結構。科學成爲最根本、最龐大、最威權的顯學。科學哲學成了諸多知本源的宇宙及自然事物究竟如何的理論，究明了以往唯神、唯心、唯物的謬誤。又發現了空無之中而非空無，空無中的存在而爲妙有，切實透視了虛無主義、存在主義，存在和虛無是人生的二端，說詳結章。

陸、亞神時代思想方法的巨變

一、前　言

思想、思惟是人類最奇妙的特質或智能，以之作爲人的定義，其意義表述雖單純：「人是會思想的動物。」但思想的運用和結果等，幾乎無所不包，唯神論、唯心論、唯物論，以及任何文化層面，科技創造，無不由思想所引領、凝結及促成。而人之所以能思想、是複雜的腦之神經結構——神經元爲主體而起極複雜的思想作用。

思想由思考的主題確定思想的範圍，而有思考的過程，並以思想的方法，得到結果。前人以二分法簡化其過程爲道與術，體與用等。形容其智慧性的奇妙效用爲「思之思之，鬼神通之。」思想主題有大小難易，而無所不包。思想的方法則稱之爲思惟術，而以邏輯學或理則學、名學概括之。隨著時代的進步，邏輯學只是傳統的思學方法，而今則有水平思考、垂直思考、圖像思考、系統思考、創意思考、逆向思考、負面思考等，作爲思想的引導，亦係思想方法的激發。但遠超出傳統思想方法而且提振了一些思想方法的效能。

在亞神時代最凸出而爲前代所無所的，是非生物而能運算的人工智能的機械，人類以思想所及的思想方法和所得的智慧，形成人工智能，而賦予之，成爲能思考的器具、有智能的機器人。此一綜合功能，又普遍見之於諸多機械的自動功能。雖有其思考所不及人之處，也不是思考的主體，因係人的程式設計的功能所及之故。但神奇的電腦，已有諸多的思惟能力，其計算、驗算之迅捷正確與龐大，無與倫比，可助成人而出思想方法，且將出現能思考、能主動作出反應之機器人。

在科學、科技日益創新進步之下，每一個人之思想與思想方法，有了極大的挑戰、更有了無與比擬的方便，不止「人是會思想的動物」，人所造的「人工人」亦能思考，及協助人作思考。科技所成就的智能工具正迅捷地發展，因係以數據系統數位爲主，已廣泛應用，並成爲教育的重點，而稱爲數位時代。並演進爲思想方法之一大類。

二、邏輯方法的衰落

邏輯方法幾乎認定係集思想方法之大成，又源遠流長、定名爲邏輯學、或理則學、名學等。意謂此類思想方法爲有效的思惟法則、既能排除不合理性的幻想雜念，又能正確引領思惟的發展、不脫離主題，依照思惟的方法，得出正確的判斷、獲確切的結果，而展開有效的作爲和因應的方案。但諸多的邏輯方法，因方便運用而成爲定式定法，在有一定的法則和形式之後，成爲某種邏輯學，經過使用者、教學者的多方貫通闡揚，於是有了繁多的名詞，複雜的內容，而又派別紛歧，故多是「學院派」的講堂傳授和發展，漸漸遠離事務實際，難於發現問題，更不能解決疑惑及問題，再因不能與時俱進，甚至不能檢驗已解決之問題是否真實正確。用於科學科技之創新和拓展，幾無着力點，只有科學方法，方能解決科學問題。故亞神時代之思想方法、邏輯學雖大受科學之刺激，而有各種發展，但多旋起旋落，而日見衰微，乃諸多之科學方法盛行而替代之故。

垂傳久遠的傳統邏輯，近代的數理邏輯、實驗論理邏輯、辯證法等，均有其功效，有助於思惟判斷及分析推論，綜而論之，亞理士多得的的傳統邏輯，是注重類別和性質的區別，使名言概念的建立能清析明確；笛卡兒的數理邏輯，是提倡數量的重要，科學都要可以數算可以量測，表示於程式；杜威的實驗論理邏輯，是用不斷的假設，不斷的求證，以解決疑難，得到結果；黑格爾的辯證法，是適應事物不停的變化，根據變動的原因、過程、結果等，而得到對立的統一，對立中的發展，和質變量、量變質的質量互變。這些有名的邏輯法則、除傳統邏輯外，都是近代受科學方法的影響，應時而起，均起了一些思考的效應，但均多不能解決新起科技的實際問題。尤其是科學科技的實用方面，空泛的邏輯法，幾乎無法切入問題，試以美食爲例，作一道菜的油和鹽要用多少？炒或煮要多少時間，火的溫度如何？科技均能計算而切實掌控，經驗亦能體會累積而得大要，而邏輯方法則無能爲力。

根據理性的本具，而有邏輯的先驗性，人人可以經由經驗、由對事物分類的清楚，性質的確實掌握、範圍明白的劃定、因果等關係的探究、系統的確切建立，分析判斷的正確，而建立各自的思想方法，加上智慧的體察，人人各具思想方法，多種邏輯理論和方法，乃因之而生；此後如數位邏輯，演繹邏輯、歸納邏輯、直言命題邏輯、真値函項邏輯、量化邏輯、符號邏輯等，仍在開展，已成專門之學，均難應用於實際事物。如鄧小平在「文化大革命」之後，爲收拾「一窮二白」的政治殘局，以摸著石頭過河，不管白貓黑貓，能抓老鼠的是好貓，成爲「改革開放」的丕變，顯然是他的政務經驗和切中現實弊病的智慧，而以取經資本主義合乎人性的作爲，扭轉危局，拯救了政權。他曾是唯物辯證法的信從者，此際顯然已予放棄，而由實際出發，以救衰起弊，如恢復各級教育的學制，下放農村學子教師和政治人物的回復原籍原職等等。不是邏輯方法起了作用，而是他的務實的經驗，智慧的洞察、起了無比的效應。其摸著石頭過河，是思想方法嗎？反而通過「文化大革命」的黨之菁英人物，多是唯物辯證法的信從者和使用者，也不是此法失效到如此的程度，而是政治慾念等的迷狂有以致之。推而至篤信某一邏輯是不二的經典，均將有類似或輕或重的迷狂，而輕視經驗智慧和事物問題的實際，而科學精神凝聚的實事求是則是根本，而能切入問題，發現疑難而解決之。鄧小平由實事求是出發，由改革開放，設置了特區和五試驗點，累積了可貴的經驗，體現了科學精神，然後全面實施，而大收績效。

三、亞神時代的邏輯序列

亞神時代的邏輯效應，因科學科技的唯物特性，就物質、能量的實際應用和所引發的問題和疑難之解決，而降低了邏輯的一些功能，但取法邏輯方法的思考面，而有特別的形式和創新的內容。又以科學科技的神奇，科學家創造了諸多的機械和工具，隨之而有使用的方法；創造出的事物，各有其運用的原理和方法，如熱兵器的出現和大量的使用，冷兵器時代的弓箭失其效能，幾無用武之地，軍隊的組織訓練和作戰的方式和陣圖等，能不改變嗎？威力強大、射程長遠的飛彈應用之後，傳統的砲兵，已不能是火力的中堅了。科技發展到「人類只有想不到的，沒有做不到的」之今日，有任何有效的思想方法能隨之而起發現問題和解決問題及疑難的功能嗎？而且科學創造的每一事物，均各單獨有其功能，難以通用於其他事物，故各有說明書和使用及維護方法，是方法千千萬萬，難有共法，無形中邏輯方法被抑壓，但也有多隨科學方法而轉移而發展。雖甚爲無奈，仍在追求其切實合用之法。方法的進展，往往是窮則變、變則通，而前後又脉絡相聯，試由科技的實性而言，科學所創成的每一事物既各有方法，已無需其他的思想方法之如畫蛇添足；科技所發現的物質性、能量等，尤其是前所未見未知之事物，不需想思方法之驗證，以其理證已備，經過檢驗，如宇宙有多少光年的空間等。但以數學爲基礎的科學研究和發明，不能不有邏輯論證和推理，尤其科學哲學已成形而上之本體論、知識論之時，不能不有邏輯方法，尤其是數理邏輯，更是電腦科學和程式應用的基礎，更有「邏輯序列」（Logic sequence），簡單的意義是依數學的「數列」，使相關的邏輯按順序排列，而進入邏輯之意。如「引入序列」、「遞減序列」、「因果序列」、「差數序列」、「統計序列」、「建立順序」，各有其應用的法式要點。而且已應用在電腦的軟體和硬體上，有「邏輯卡」、「邏輯路線」、「邏輯電路」、「邏輯中心」、「硬盤邏輯序列」等；以「遞減序列」而言，既不是遞增的，也不是遞減的，更不是收斂的，但它是有界的。在數學上，序列是依數據、數位排成一列的對象（或事件）（見維基百科）。再以因果序列而言，完全與傳統理論的因果律無關。乃數學的Z變換收斂域的四種序列。四者有變換的數學公式，及驗算的結果證明。一言以蔽之，是依科學而創出的邏輯學，因襲邏輯之名，而有理則的邏輯性質，以數學爲根本。其名詞已非傳統的邏輯學者所能容易瞭解，但卻成爲電腦科技等所運用的方法。

四、宏觀、微觀法的創出

現代科技之應用在自然科學中，因精密而功能極大的電子太空望遠鏡，配合電腦強大無比的計算和核驗功能，科學家得了宇宙廣大和遙遠的時空數據，洞察宇宙間的明暗物質、明暗能量，因而產生以前不能知道的微觀和宏觀的確切底線，因而有宏微、微察概念性方法的提出。所謂宏觀，是指星系和宇宙的廣大世界；相對的微觀則係界定分子、原子、粒子等的細微至極之物；二者是整體的，似一大圓圈，不應分割。因其引發人類高遠和細微至極的相對觀念，故因而導引出宏觀法、微觀法。除科學家之外，現已先由經濟學家所援用，由經濟整體研究經濟的發展規律、生產概況、預測經濟活動的效應，即係宏觀，大陸名為宏觀調控；從局部層次上研究某類經濟活動現象的影響或效應的，是為微觀，大陸名之為微觀調控。這一由美國經濟學家羅伯特·盧卡斯（Robert Emerson Lucas, Jr.）所倡導和發展了理性預期與宏觀經濟學（亦作總體經濟學）研究的運用理論，引起了諸多的爭論，甚至吵鬧。因而使宏觀、微觀的理論名聲大振、而多方觸起，並用之於歷史學、社會學等方面，乃科學發現之宇宙真實而成為方法。

宏觀和微觀極早已由形象可觀察比較的自然事物而有概念以至理論，惟未立此名相而已，如《老子》〈第二章〉「故有無相生、難易相成，長短相較、高下相傾、音聲相和，前後相隨。」言之雖含混，但宏觀、微觀的相對概念已甚明顯；至李斯的〈諫逐客書〉：「是以河海不擇細流，故能成其大，王者不卻衆庶，故能明其德。」已道出了二者的相對而又相關。由宏觀而微觀，在某一範圍之內，洞明無遺，所得的是智慧，智慧是宏觀，不是某事某物的見知；有此智慧之後，起了「大圓鏡智」的觀照，能無一法而可建立萬法，萬法乃係此觀照下的微觀，正如佛陀有大智慧之後，建立了法法圓通的佛法。科學與科技形成宏觀與微觀，亦係由其貫通自然界事物得到科學層面的智慧，由宏觀見到了宇宙的無限廣大與久遠，星球星系的繁多等；由微觀知道物質和能量的細微，如元素、力、分子等。合此宏觀與微觀方見到宇宙真實存在的全面，並由宏觀微觀而引起諸多的方法，如電磁力的諸多作用，形成了各種相關的科技發展。

科學家非由事物大小的比較而提出宏觀和微觀，科技發現宇宙自然事物宏觀和微觀的真實兩極，而又激起多方面的應用，多層次的影響之後，並未棄此二者而不顧，二大方法理念隨科學科技而風生水起，但不同於其他思想家，引出而產生了宏觀法和微觀法，科學家乃基於有宏觀和微觀的事物發現，作切實的實踐和發揮，以宏觀而言，如高倍率而極精妙的電子望遠鏡，進入了太空，可自由轉動，配合超級電腦，作太空各項掃描和探測，而有諸多的重大成就，爲宇宙揭秘，現代的太空梭、太空站等，縱橫於太空而有各層面的發現，才有確切的宇宙論，有證驗的天文學，地球物理學、更興起實用的氣象學科技等；有微觀所得的內容，如原子、電子、分子、粒子等，科學家運用了諸多的儀器，建立了相關的研究科目和研究組織，原子、電子、分子等的研究成就，已起了改變世界的多種作用，而粒子的研究，正作耗費空前，研究場所苛嚴無比，而在起步之中，因爲若得徹底的突破和成功，應是宇宙構成奧秘的徹底揭發，故科學家曾欲將粒子定名爲「上帝的粒子」，但因發現粒子的科學家爲無神論者故予以反對而仍稱爲粒子。

科學家於所發現的宏觀微觀項目而盡力研究，以思想方法而言，有何傳統思想方法可用而用得上？應是「蚊子上鐵牛，無下嘴處。」大概只能以觀察、試驗、綜合、分析、由科技儀器的不斷嘗試，改正等而收效益了。但在每一項目得到解決、達成創新之後，而方法即在其中，乃由體而生用，由理念而得法，可切實名之爲某一科學之法。雖然此非傳統的思想方法，但古人早有此智慧的體認，如大處著眼、小處著手等。但與科學發現了此兩極端的宇宙真實而大不同。

五、數學誕生的思想方法

數學的數目字由一至十和○。原本僅是計算的單純工具，漸漸晉升爲訓練思想的方式，出乎人們意料的，不止成爲科學之母，諸多的科學事物，離不了數學的數字計算和程式顯示，例如電壓計算的安培定律之於電學、一切網路的程式設計，無一不是數學的應用，因爲單一的數字和形成的概念，已是哲學思想性的呈現，數學有正數和負數及零，已不止於計算，例如正電荷與負電荷，正數與相反數、正數和負數間的零，而衍繹出的思惟法則，如「零和」、「臨界點」、「絕對值」、「結合律」、「相反數」等等，均能成爲思想的內涵，和思想方法的導正。極著名的德國科學家海森堡（Werner Heisenberg）的測不準定律（uncertainty principle）只是量子力學的基本原理之一，但富有哲理性，如火砲擊射時的求準確，常有測不準的現象，以論世事和事物的變化，「測不準」應是理念之一，因「測不準」的存在因素，加以探索估量，而移除化解，以得「測得準」，已是思想的要求，科學以無數的程式，精密的工具，極端的複雜運算和驗算，使航天的登陸月球、探測火星、達到百分之九十九以上的精確，已由思想的引導、得出方法，使無數的科技產品，能測得準、算得準，甚至毫釐不差。

學電腦的人，都知道電腦名電子計算機，其基礎完全建立在數據數位上，發展而有軟體、其指令的程式所謂函數程式，是直接根據數學數位定義而撰寫，採用純函數式語言 Haskell 作表示、其函數式爲

Fib 0=0

Fib 1=1

Fib N=fib(n-1)+fib(n-2)

這一基本結構的程式，乃由數學的系統數據形成方法以致用。以現代的電腦網際網路而言，一具規模的網站，是建立在以千萬計的程式上。各類的程式，遍用於科技界和產業，商業界等，可見由數學誕生之思想方法應用之廣，從事程式設計的人，遍世界各處，難以統算，而是共同依據函數程式語言，人各有法和每程式各有法，最重要的基礎入演算。科學方法學、也不能給予共用統一之法，邏輯方法更無能爲力，僅能由已開發的同類程式和數據數位作參考、由所欲創作之程式切入，依欲解決之問題和疑難、由嘗試錯誤、和所學及經驗中，得出方法，乃無法之法，實無一定的方法，而方法繁多，爲其特色。

六、統計學演繹的方法

統計學由數學奠基，由宏觀、微觀兩端及兩端中間選定要點，如「絕對值」、

「平均值」、最低限度等，再收集所需之資料及數據、加以計算及分析，得出正確的結果，顯示差別等之後，再以客觀的表述和解釋，依數據的質量作標準的評價、(一)精度：由抽樣開始，要求精度的最低誤差。(二)準確：有效的取樣，要求取樣達到最小的錯誤和偏差。(三)滿足決定需求，聯繫到管理、決策、應用、研究等的實用上。(四)注意時限：過時的取樣，失時效的數據，均無統計要求的效果。(五)數據得到，要求在時限上的一致性。(六)得出特殊因素微觀等問題而作單獨性的解決。在思想上是見到事事物物和人類愚智情性之不齊，不能由齊頭式而行無差別的統一解決。尤其在亞神時代社會進入多元化，個人的喜好需求不同，而差異極大，但要求能就同之與異，得到切實解決問題及方法，而數學式統計，亦即數學計算、公式等的落實，依循公平合理而有三種方式，形成之思想方法及理論：(一)以已知數和已知量爲基礎，依循合理有效的具體關係，進行推算的方法。(二)運用數字的理論性推理，以進行推算的方法。(三)以平均數的宏觀爲基礎，進行推算的方法。其實際運用，由統計學得出統計法，由取樣得正確的平均數，如日常生活中用到的平均速度、平均身高、平均成績、平均支出等等的數據，將誤差減降到最低；更有所謂的「總値」，如國民生產毛額；「超値」爲省錢賺到之異名；「實際値」乃同一貨幣物品，在時空變化之下，而價値不同，實際値，即實際的價値與物品的現値不符；以上均係統計學廣泛應用後產生的名詞，已成爲常識，如美國在職籃比賽進行時諸多項目立即有了結果。球隊針對球員個別的缺失、整體的表現，作出種種的補救和加強訓練，則是球迷看不到的項目的統計統法運用。

發現優劣點和或大或小的誤差，是諸多思想方法的「盲點」、更是使用思想方法者的「雷區」，也是個人和團體之間的成敗關鍵。尤其是極特殊的問題，如病人的精神問題，心理障礙，至衣服有的需要大碼鞋、特大衣服等，均需要統計學以數據顯示一般性、特殊性、誤差性之所在及其輕微和嚴重程度，而能「應病與藥」，及時解決問題的根本所在，不會有黑白不分而無法入手，或如「隔靴抓癢」的不切實際，以使用科學方法而言，在「邏輯序列」中，即有統計序列。

統計學的發展，原由政治需要而開始，以其使用上有顯著的成效，能達成諸多思想方法所不能及的真實層面的數據呈現，而爲決策的依據，所以政府組織先後出現了統計局、處等單位，而顯示不凡的政治效應，如國民生產總額、經濟成長率、失業率、就學率等，均即切關係到如何施政，如何發展，如何救衰起弊等，得出具體的方案和方法。

其後影響及各公司行號，設立統計單位，進行切實的績效和業務掌控。究其實際效能，仍以經濟層面應用最廣，如一國的生產總額、工農商的生產額、進出口額、外匯總額、下至銀行業存放款利率的調降調升、稅率的調理、物價供輸及掌控、多建立在統計的確切數據上。

統計學之有思想方法的作用，諸多的學者似乎罕有發現，以微觀調控的經濟理論而言，如何得到微觀的真實資訊，是極大的問題，因爲缺乏精密的儀器，如科學家之能發現明暗物質和能量的存在，只有統計學的取樣和分析、發現、推測等，方能有微觀的資訊和數據的獲得，否則只是臆想空談罷了，這一環節在思惟判斷上是何等的重要。其次是統計在發現誤差，而深信必有誤差的結果，沒有如邏輯方法有諸多的果斷推論及自信其真實無誤，致缺乏客觀性和正確性，統計學的發現個別誤差，以形成個別的疑難問題，而得到特別解決，是最實際而有感的措施。由能發現個別差異，在兩國、兩集團和行業等作比較，能起去異求同，由差異起補益的思考和解決，這是何等的重要。更有諸多的思想方法，未曾深入事務之中而有信證，不能切實際而得優劣等，有待統計學的崛起而運作。在亞神時代，因科學哲學的思想影響，科技工具的多方面的神奇功能，直接間接有統計學的諸多理念和方法，解決以往和現代諸多思想方法所失效而不能切入的疑難。然而統計法未有思想方法之名，也非萬能之法，但促使而有諸多同於思想方法的出現和應用，是人類能想到的也能做到，不拘一法和定法，而能因科技出現萬法和活法之故。此一時代的新思想方法，係以數據、數位爲根本，能如佛法之不由一法，而建立萬法，乃科技時代數學運用的擴大和特殊之故。

七、科技對形象思惟法的激變

形象思惟恰與邏輯思考相對照，其最大的差別，前者是基於事物的外在的形象、形態、動靜等的變化顯示，依感性感覺的官能認知而起的思想方法，主於藝術文學等的開創和欣賞評論。而邏輯則以理性爲主，由事物分類的清楚，得出事物確實的內涵意義的概念、成爲合理的名相而爲思考判斷的依據，以得出邏輯思考的方法。二者爲能思考的人類，形成二大類思考的不同方法和系統，雖有同異分合，但如涇渭同流，各有奇妙的開創和無限的成就。尤其進入科學的亞神時代之後，均受科技的絕對性影響，邏輯思想方法，其始有促進科技的功效，也得到科學思想和科技的滋養而有數理邏輯等的出現。但也壓抑了傳統邏輯及甚多邏輯方法的運用，已如上文所略述。但於形象思惟則不然，而係起了全面的促進作用和更深化、更能變化的發展。

（一）科技對形象的真切感知

形象思惟的建立，基本上是由感官對事物形象的感覺、感受而建立各類形象的感知開始，大別言之，如耳目舌鼻的五官，於形象各有辨別，而有形象的感知，進一步方有儲象的作用，就總體而言，成爲對身外環境的瞭解，更是生存生活的依仗，在人類演進的歷程上、能在山林川澤之間、辨識草木鳥獸蟲魚，由形狀活動之不同，而分類命名；在食物鏈之中、區分天敵和可食用之物，以避殺害而得生存；進入形象表達的人文藝術時，由創造標音象形的語言文字，至目見耳聞爲主的各類藝技之創出。感官的感知不可缺，如天盲不能有事物形象的圖形認知，決無造形藝術如雕塑等欣賞和創成的可能；天聾不能識聲音、節拍等，自無語言及音樂等的接受和欣賞；故知不能有五大類器官的或缺而喪失形象的某類感知，不但是生存生活中的大障礙，更不能起某種形象思惟，而有其人文藝術的感覺欣賞。也間接影響到理性的相關邏輯思考。

在亞神時代之前，完全憑五官感知覺察力的強弱，以得各類事物形象以成心識中的印象，苟有官能上的缺失，不能補救，也於事物的形象的感知、有失真、有誤認，難能明察秋毫，而大至杯弓蛇影，小而玉石不別。可是亞神時代的科技進步，不但有望遠鏡、顯微鏡、放大鏡，可以上窮落下黃泉，無形不覩，無幽不顯；又有近視、助聽等物，補救官能的不足，因而更有全形全體的形象覺知。例如古人的草蟲畫家，要深入草叢之中，與某類昆蟲同在共舞，現代已無此必要，飛空的鷙鳥，深山的象豹，深海的鯨鯊、泥沙中的蛇蟲等，由其形狀至活動捕食，以及皮毛紋彩，爭食求偶等細微形狀，無不覺察認識而錄影。又能妙達宇宙的宏觀、微觀，而知明暗物質能量的存在，及太陽星系的運行狀況，而有由形體以至無形體的形象呈現，得以命名而至藝術形象的呈現，是何等難得；又古人的摹山範水、畫名山巨嶽，大江大海，無法得到全形，縱使登臨，多興「觀於海者難言水」，登山者感於「一覽衆山小」而已。現在由空中測照和掃描，長江黃河、五嶽、世界最高峰等，全形或部份之景狀，無不可得。總而言之，得科技器物之助，不但物無隱形深入形體內部而又纖細畢呈，突破了此前的所有蔽障，並能得其動靜等的象狀，是何等空前而微妙。在形象真切而能識大識小、知微知著之後，必然是實用性和摹形取象等藝術性的提昇。

（二）科技對形象的貯象妙用

人有了形象的感知，必由貯象而起諸多的作用，最基本是大小類別的辨別，如「角者吾知其爲牛。」分別動植山水礦藏等而有語言文字等的命名。就每一個體而言，例如由實有之竹，而至所見之竹，至貯象時的「胸中之竹」，方能由之而起形象貯存後的「喚醒」作用，至繪畫而有「胸中之竹」，而入藝術境界、方知形象思惟的此項作用的功能，因爲胸中之竹，已不是所見之竹，而有省減增益的形象不同，由作者的心思情趣作主斷；所見之竹與實況之竹不同，因眼識無照像機的切實作用，由眼識至心識的貯象，更有極其複雜的過程，惟「無間滅息」——是總括的說明，無數的形象，不斷地呈現在耳目等感官之前，又不斷消滅，也因感官的起作用，而停息一些形象不入心神、腦海之中，不成爲貯象，其作用進行如此。又在貯象之時，因注意力和情趣、需要的強弱，而貯象或大或小、或全體或局部將大有不同；又形象有直視、側視、仰觀、俯察之別，復有聯結其他景象的雜入等；貯象的目的在形成形象的記憶，視需要而起此一形象的作用。以適應生存生活的經驗爲主，而形象思惟的心中印象，很難有完整而切實的記憶，又因時空的變化而淡化和遺忘。但科技進步之後，有顛覆性的進展，如照像下的圖相音響，電腦的任何形象貯藏、既無限制，又可隨時抽出，栩栩如所見所聞之時，現場可以重建，並添色減色等而更美化，更凸顯，以及變形改狀等。至於圖像的上網和傳真、製成磁卡，已成普遍應用的方式。就形象的保存和貯象而言，非此前時代所可想像。在科技器具之下，電影劇片的風行，現場活動的傳播等等，皆有形象存真傳真的效果，無論局部的、整體的、關鍵的，均能隨人的心意和需要而得。因爲形象的真實，在形象思惟上才有真實的基礎，作爲藝文創作和活動、能傳人恰如其人，記事切如其事，描景能現其景，進而達到寓情於景，以形寫神、達形全意足之目的。科技已成了奇妙而見形象毫絲不遺和不失本真的作用，不是同眼見耳聞等，只是籠統依稀的記憶，而又隨時空的改變而走失遺漏，而如鄭板橋所云：「心中之竹，不是眼中之竹」，現在則是能永留真實的形象，不滅不變。

（三）形象思惟的發展

由人的生存生活的需要和行爲所起的經驗法則而言，形象思惟和理性思惟、應如左右腦的密切關係，但理性思惟發展成種類繁多的邏輯方法和理論多端的邏輯學；而形象思惟則停留在應用的事物上，我國的象形文字和舉世的繪畫及造形藝不知凡幾，卻無形象思惟方法的建立，與邏輯方法相比，則似婢女的地位；因無形象思惟方法的建立，雖有諸多的理念和事證，並未形成方法和系統，如我國象形文字的六書，只是造字和用字的原理和方法，諸多的藝術理論，多有觸及，而無類似邏輯方法的形成和出現，迄未見形象思惟法的出現，以藝術的求美而論，至鮑姆嘉通（A.G Baumgarten）方於十七世紀中期才有名著的《美學》，（一）界定美學的對象就是感性認識的完善就是美，相反的則是醜。（二）美指的是怎樣以美的方式去思惟。（三）作爲感性認識的美學，目的是達到感性認識的完美。他被稱美學之父，但非由形象思惟而切入，認爲是他對萊布尼茲和沃爾夫理性主義哲學以及全人類全部知識體系進行深刻反省的成果，具有理性派美學的認識意義。以西方特重理性的哲學和龐大的邏輯方法系統作觀察，應未誤認《美學》的此一思想本源，對於此一美學和其系列有關的著作，有極多的高評價和討論。但所提出的是以美的方式去思惟，而非以形象思惟法去思惟，縱然理性思惟也可作美的方式而有美的認知，但只是理性的。惟有從形象思惟切入，才是感性的。在根本上美和醜，不是徒以理性作分辨，而是以感性作體會，而動心怡情。鮑姆嘉通的此一理論，以學術思想的情況而言，是其時並無形象思惟的方法和此理論形成之故。由他之未提及形象思惟等詞彙，可以概見。

形象思惟，即感官覺知所起的思考判斷，故係人的原本具有的本能思惟，由具體的形象感受而生起思考，又密切地與體會經驗相聯接，往往被視爲良知良能，故不認爲必須有方法，以其係感知性和體悟性爲主，更認爲不必建立此一思惟方法，也無從建立此一如邏輯方法之思惟方法。至筆者的《論藝術原委與形象思惟》，（學生書局出版）如博客來網站所歸納：「論形象思惟的原則，則歸結了十六項，論無法式的形象思惟有三類，論形象思惟法的樹立，有十二法式。其成就應超過了維科的《新科學》，因爲維科只建立了三項形象。可見形象思惟之發展和方法建立之不易。筆者雖建立了一些方法，但是開創方始，何況學術的發展，是後出轉精。故不自作誇耀。

形象思惟的藝術性，因現代科技之器具進步而有極大的變化，古人因形象如實呈現之難，而極力追求形似，於文藝復興時期的人體畫像可以概見。但現代藝術品的求形似，一則與攝影術等的功能不能相比之際，萬萬不能相及，故由求形似而變爲不求形似；極力求形似之藝品、用具等，則多入科技鑄作之範圍，皆能栩栩如生，活靈活現。對求神似者，則形式百千，而任意求其變化，所以畫鬼怪奇形異狀者層出不窮，蓋單以形象表現而論，是畫鬼易而畫人難，畫真實的形象難，畫虛擬任意之形象易，故形成極力求形似之真及任意極變化之奇的此二大類，爲現代藝術之主流，均內涵豐富，正極力拓展，而形象思惟的方法，隨之大變，盡力求真切之形似者，無一定之法，而又可用科技之法而得出方法。不求於形似者，順情任性，想到而做到，不主一法，以求立自我之活法。

求真求變，仍然是形象思惟的基本，如何能真能變，仍待有形象思惟之方法，多有求於科技的開創，和科學方法結合形象思惟而出適當的方法，惟不主一定之定法而已。人人以求形象表現之真及美而言，電腦的軟體技能，可以減色增色，可以改形換形，在形象上可以突變漸變，可以寫實而栩栩如生，可以虛擬而千奇百怪，故相關的行業和作品，在求表現的激情，個性的突出，滿足好奇尙異及求美與不美的激情需要，注重的是市場需求，觀者的官能刺激，現代的電影戲劇、動畫以至音樂等，在形象思惟上，誰要運用「黃金分割率」？連真實自然事物之形象，只能作原形而已。又人人可以各有其法，可以名爲形象思惟的活法，更多各種開創的怪異之法：

稀奇古怪，我法我派。一錢不値，萬錢不賣。（清．邵梅臣《畫耕偶談》）

「稀奇古怪」、自是形象的，但其時所能獲的形象、極稀奇古怪，也不及現代的千萬分之一，見不到細如微生物，巨大的宇宙概況和星球星系，深藏如海底魚貝，地底蛇蟲、化石年輪。高遠如飛鷹怪鳥，獅虎象鱷的獵食交配，及其毛髮紋理。但其稀奇古怪之說，不啻爲現代最切貼之形容：由於他是畫師，其我法我派，謂以此稀希古怪之形象，出人意表，而成爲我的方法，建立我的宗派，其作品可能被視爲怪異而一錢不值，但在他而言，則萬錢不賣。似乎孤芳自賞，但如此別出一格，已爲現代形象求異求怪之先驅，由嬉皮之服裝，特意剪破成洞現肉，上升至諸多方面的賣醜賣傻、顯凶殘、逞暴力，已奪求美求善的傳統，更拋棄形象思惟之基本原則，而無定法要守，任我好奇尙異，任我求怪求醜。科技的變形變色的技能，更能滿足此類要求，電影的「鐘樓怪人」，只是前驅的小卒吧，現代的神怪影片和醜怪動畫、已充盈市場，如「怪物現形記」、「機器人總動員」、「死亡詩篇」、「神怪魔幻」、「大神魔」等影響及神怪武俠等類，可謂鋪天蓋地、神怪成風，只要有能想像怪異暴兇之奇，而科技充份能「以形寫形、以色貌色、造形造色」，以達成各種形象狀態之需求。所以形象思惟法已形成大變革，似已無法要守，而幾全是「稀奇古怪，我法我派」，得到諸多的證實而見於作品。

隨著科技之發展、形象已有不同傳統之認知、而有不同的內涵，首先形象之成立在於形象的認識，而知如何構成各類事物的形象，由科學的微觀和宏觀發現，形象亦隨之而呈現微觀和宏觀的形象變化，如宇宙之大、星辰之遠等等，其形象已非虛幻；微生物之細，神經血球之微等等，已見纖細；深入生物之內部，厚土深水所藏物品之全貌，擴大了無數形象之覺知，成爲形象之新異呈現。各類形象各有其理、生物之動態，礦物之靜形，風流雲動，各有內因、人造事物器物之器形，更由理念而成，因之而由象形之理而起用；形象之體，仿效形成文字語言、標示、音訊、器物學等，形象不止於單純之形象認識。合此三者故形象思惟，既係藝術而又有多種運用之方法，不止於「以形寫形」而已。明白這三者，於造形、改形、寫形時，方有不同的思惟而起不同之效應，而出現印象派、象徵派、立體派、超寫實主義、新印象派、未來主義等，而不止於繪畫，已波及所有藝術作品。

形象思惟之法，不限於圖形寫象以求美而有美感的形象構成，又出乎形象思惟法之外，而起整體的多種感受，如明代朱同所云：

> 昔人評書法，有所謂龍遊天表、虎踞溪旁者，言其勢；曰勁弩欲張、鐵柱

將立者，言其雄；其曰：駿馬青山，醉眠芳草者，言其韻；美女插花，增益所得者，言其媚。斯書評也，而予以之評畫。書之與畫，非二道也。（《覆瓿集．論畫》）

這是以形象而出意境，烘托出「勢」、「雄」、「韻」、「媚」的風格，是形象思惟法難於落實運用者，而求見雅見俗，見野見怪。更有以形而下的形象，寓形而上的道和理，如衆所知的禪詩：「身似菩提樹，心如明鏡台。」「菩提本無樹、明鏡亦非臺。」「猴兒要醒而今醒，莫待籐枯樹倒時。」乃諷勸友人速離嚴嵩以脫禍；詠筷子云：「一世酸鹹中，能知味也否。」可見形象思惟法之靈活，突破固定之法，提升至以形象寓理寓道，並烘托出意境、風格等。

現代之形象思惟因不知形象之構成、更不明係感性的認知，以及形象的思惟法，而呈現鼓動情靈的美感，作藝術的呈獻，認爲只是模仿法、想像法、組合法、移植法，乃似是而非的想當然耳。亦因其未形成如邏輯思惟之有定式定法之故。如模仿法，只是寫生練習，想像法乃某形象而聯想及另一形象，其法有何必要？只是形象思惟的皮相之見。

（四）簡論思惟法的基本形式

由思惟法之分類別，其形成思惟方法，則係先邏輯，而且一枝獨秀獨大；次形象，居於陪襯的婢女地位；科學思惟法屬於後起，而法則法式繁多，壓伏前二者而未道及。特就三者之基本不同，由傳統邏輯之「同一律」，加以比較，而略見概況：

傳統邏輯：A=A，如確定牛，則只能是牛、牛的正確意義，不能超過牛，牛穿鼻加繩，牛角掛書，則爲超過；牛未長成，則爲牛犢；白馬非馬；不是巧辯，因非A等於A。

形象思惟：A=A　牛的形象是牛而非其他，但可以A>A　牛的形象可以大於牛，如穿鼻加繩、牛角掛書，火牛等。

A<A　牛小於牛而可沉於水中，只現頭角，甚至畫牛只畫踏行的腳印，以作象徵。

科學思惟：A=A　水之爲水。水的分子係H2O，不論其加熱爲蒸氣，降溫成水，分子不變。故水等於「H2O」乃科學的A等於A。

此三者又是名詞構成的根本，而實義甚爲不同，故成爲思想方法以至運用，因而大異。思想方法亦分爲此三大類。尤係亞神時期出現諸多學門而各成系統，各出方法、各有效應、是百家爭鳴，百花齊放，紛呈異彩。三大類並非絕對性的分斷分割，而有不斷不離的層面，如「科學精神」、「科學方法」之於諸多思想層面有互通和交融者在。

思想方法有此基本形式而起的三大類型，但均以求真而得真爲目標。傳統邏輯之求真，認爲真理是絕對的，唯一的；形象思惟之求真，是貯象的及求形象之真，以得形似之極；科學之求真，是物質、能量之真，能由證驗而證其真。不同之思想方法、基本上由此引發而起改變。但網路的虛擬世界、頗難歸類，明顯係受形象思惟法之影響而應用於科技。爲藝術方法而通於科學方法。故現代之思想方法，是多變的、無定式定法的，依事物應用的需要，而方法繁多，邏輯方法之功能大有失落。應作如是觀，以見此三者之通變。

柒、科技掀起古今新與變之比較

一、前言

亞神時代來臨、其特別之處是全面而快速的創新，和引起翻天覆地而前此所無的變化；係以科學科技爲主導，促成全人類、全世界的新和變。在此古與今的比較之下，方能深刻而明顯地顯示得出具體的結果。不止是地球無形地變小了，成了地球村，七大洲聯成一體；國家增多了，由二次大戰前的六十一國，實際增加爲二百三十二國；人暴倍增，由二戰結束時約十九億七千萬，現在已達七十餘億；這有形迹的明顯變化，已夠驚心動魄，而無形的變革，如國家的統治體制，社會的多元化結構，國與國的劇烈競爭、跨國跨洲的公司行號產品之行銷鬥奇，以至個人行爲的怪異奇特等，均爲前代所無。人類創成之武器，可以毀滅人類、重創地球；人能賦予器機以人工智能，人將與非人類共成生活族群、同生存、同工作；人類活動於太空，太空船、太空站已往返停駐於太陽星系間，並探險其他星球；科學器具探求出太空的明能量、明物質，並儘力探索暗物質、暗能量，以窮宇宙根源之秘：人類的科技將提升人類的奇能異力，將結束「亞神時代」，而跨入人而爲神的「入神時代」，因爲人能改造生命，創出生命。以現代事物創成之新，促成之變，爲前代所無，改變了傳統諸多事物物和思想理念及行爲規範、進入了新人類時期。

二、由光證驗古今之新變概況

穿透古今，經由前後作比較，而能顯示其新與變之全然不同者，無過於光。就光之存在而言，以太陽星月之自然光而論，由照明地球，透過生物之演進，自人類之出現，至於現在之雄據地球，光應仍如昔往，而無質量的變化。就光所起之視覺及作用及思想影響而言，在亞神時代之前，光的呈現不外：（一）光爲自然之存在，判分日夜，光予人之視覺可起照明作用等。（二）光爲宗教所崇尙的原始崇拜，認爲光有神秘作用，是神的象徵，而有拜日拜月以至拜火教。光象徵神的無所不在。（三）光又象徵人的仁愛與智慧。（四）光明與黑暗相對，即神與魔、善與惡的分別。（五）光的變動、認爲是時間的移動和變化，而稱之爲時光或光陰。（六）人類發現了火，而有非自然光的出現和利用。但至現代方由科技研究出光的究竟，並成立了光學，光有諸多的器具作用，也使科學哲學和美學有密切的關係：（一）光是一種人類眼睛可以看見的電磁波，而光只是電磁波譜上的某一段頻譜。所以光與神無關，而有能量性、物質性。（二）光由光子的基本粒子組成，有粒子的性質和波動的性質，稱爲波粒「二象性」。（三）光給人的視覺感受是閃閃發光，乃是基本粒子的波動入眼而形成。是一種宇宙間能量。（四）光波有波長，有光速，有人眼看不見的光——紅外光、紫外光。（五）光速在太空中大約有十萬千米一秒，與樹木的年輪相聯結而爲光年，一光年大約爲九點四六兆公里，用於天文學，以衡量天體間星與星系的距離。（六）光譜——由太陽光的色散實驗、其白色經三稜鏡折射後呈現紅、橙、綠、藍、靛、紫的彩色光譜，奠定了實用性、藝術性的彩色世界。（七）由光的科技發現，而有總結性的光學，乃在於研究光的現象，性質與應用，光與物質之間交互作用，而成光學儀器的製作。光雖是物理學的分支，但已是商品和應用最廣的學門，由眼鏡、凹凸鏡、望遠鏡、顯微鏡、攝影、複印、微波、X光等，已是人類生存生活、娛樂和藝術的廣大天地。（八）光合作用：光照及植物、以其綠葉爲「工廠」，將光化合二氧化碳、水等合成有機、日間釋出氧、夜間出氮，成爲人類與植物的生活依存的關係。由科學儀器測出光合作用的程式，估計出地球植物此一作用，一年合成約二十億噸的有機物，又固定了有三X一〇二一焦耳的太陽能。又地層中的煤、石油、天然氣，大多是古代光合作用所形成。此一由恩吉爾曼（James Mcgill）的實驗，測定了不同光色對光合作用的影響，證明行光合作用是葉綠體。這一發現，似應超過達爾文〈進化論〉未道及的實際效果。

僅就光的單一古今不變仍存在之物，似乎形狀作用未改、然依科技之發現，本原之揭露，現代產生之作用及物品，作前後比較之通觀後，前代之所知所見，實如瞎子摸象，現代方是揭密知本、由體起用之洋洋大觀。故由巨大事項作古今新變之通觀，方足以概見古今變易之大，更得出重重證驗，而可確見人類之大變和發展。

三、二次大戰後人類巨變紀略

亞神時代的科學發展、實以牛頓的萬有引力為主軸，而人類社會之巨變，則盛於第二次大戰結束之後，而又影響深遠，由一九三九年至一九四五年爆發了以美英中俄等為同盟國與以德意日等的軸心國的大戰，戰火及於全球絕大多數國家，所有的大國無一不捲入，死亡人數高達五千萬至七千萬，財物損失難以計算。戰爭由原子彈投擲於日本，懾於此一的巨大威力而結束。遂行戰爭的工具，由飛機、戰車、大砲、飛彈、雷達、電訊而至細菌等，均係科學科技的結晶，其毀滅與殺傷力為前代所無。其最大的影響，是反戰畏戰而起的和平思想與行動，與世界強權大國版圖的改變，進而深遠地引發人類文化思想及社會結構。

蘇聯極權集團與美英的民主集團的鬥爭，由一九四七年至一九九一以「冷戰」為主要形式的爭強爭霸，有形無形的脅逼及於全球，至今而餘響仍在。在約達三十四年的冷戰中，是有形的科技、軍力、經濟力的總較量，在無形方面是前所未見的文化思想、政治體制、社會組織、民衆生活生存方式的大比較。在蘇俄集團解體之後，美國成爲超強而獨強，而以「世界警察」自居，但僅知霸道而不知王道，有科技知識技能而缺高明的文化與智慧，不能容異容強，世界諸多紛爭，皆有其身影而成「亂源」之一。特先由「冷戰」的美勝蘇敗，以見思想文化的影響：

（一）蘇俄集團以無神論、唯物論、共產主義、極權政治、計劃經濟爲主軸、馬克斯、恩克斯的思想作指導、總結爲共產制度，但以違反人性的自利自私，不能享用其努力所得，喪失了競爭力與創造力，由經濟失敗而潰敗解體。（二）美英集團以有神論、唯心思想、自由民主政治，凝結爲資本主義，亞當斯密斯的《國富論》爲經濟學的聖經，總結了資本主義發展的經驗，讓人人能奮鬥及能享受所得的財富，而激發勤勞、創造、進取等力度，以經濟的強大而勝出。（三）蘇俄集團解體之後，共產集團出現的「蘇修」，在經濟體制上乃向資本主義修正的思潮，全世界歸於自由經濟的發展形勢，乃資本主義的擴大，美歐領先成爲貿易財富的中心。

一九九一年冷戰結束，成爲美國獨強的局面，但世界已有大變，全球由二戰時的六十一國，發展至聯合國的一百九十四國，實際已有二三二國和地區之多；人口由其時約十九億七千萬，突增至七十餘億；跨國公司，企業之大之多，已非一國所可掌控；世界發展之重心、已移至亞洲，以其土地、人口、資源之多，乃成爲經濟樞紐、中印等國乘時而起，中國的經濟及財富，已超英趕美。面對此鉅大的變動，美國仍依恃其「移民文化」而行橫強爭霸、大增世界性之風險，將可能爆發大戰，以至毀滅人類之核戰。

美國的「移民文化」，其根源是歐洲的傳統文化隨清教徒移民美國而有基本的傳承，就其巨大的影響而言，間接接受希臘和羅馬文化的若干影響，直接接受希伯來文化、信仰了基督教。在英國文化的傳承下，文字、語言、文學、習俗等形成移民文化的基礎，但在移民及生根成長期間，因適應生存生活的環境，與印第安人和外來移民的鬥爭，（一）基本上改變了英國的紳士行爲模式。（二）極度崇尚武力、擁槍非止於自衛自重，而係可奪取他人物財土地等，以致能反抗英軍而得獨立。（三）呈現野蠻狡詐之牛仔作風，見之於與印第安人的長久爭鬥而得勝利。（四）強力促使移民融合，以解決黑白種族問題。（五）創立美式民主制度及行爲準則，而欲強加於他國，無大英國協之寬容氣度。

以上是美國的「移民文化」的要點，其後雖有改進而逞強仗勢干預他人之作風不變，試以美國最近重返亞洲之口實爲例，美國是真正的亞洲國家嗎。

就科技及科學之發展及研究之成就而言，美國仍居世界之冠，但由科學及科技之創新性，改變及利用而言，已突破國家、地域等之限制，有的可以後來居上，有的產品可突起爭霸。是故落後國可進入開發中國家。科技投產成商品之後，由技術轉移和摹仿、剽竊、改進而崛起爭雄，如日本的機器人、汽車、照像機、韓國三星電子商業、台灣的塑膠產品，大陸成爲世界工廠而短期崛起致富強，故發展科學和產品競爭，已是世界性之狂潮。

四、現代新與變之極致

科學的發展、改變了人類，改變了世界，改變了事事物物，及傳統思想行爲等，而深切影響個人。人又受政治體制和國家政令政策的影響，最凸出的是共產主義集體所有制度的失敗，極權統治的崩潰而掀起的自由、民主以及個人主義。科學科技雖是中性的，但受此類影響，而見之於發展及創新的實際，所以亞神時代掀起了前代所無而現代方有的巨變，係由多方面以各種方式努力開發和創新所致，促使人類日新又新，變而又變，古今相較，使事物、思想、制度等，現代方有而前世絕無。此類變化，不是毫釐之差，而是天差地別。其無數細微的變化，更難縷述，亦不足道。而天差地別的新變大項，自不能忽略而不求知，以明新變之原委而能掌控或隨順。

（一）自由民主與專制極權的新變

自由民主是二十世紀的思想主導和普世價值，但二者不是同等的思潮。民主是偏重政治體制和團體的運作，而自由則是每一個人由思想而言論至行爲的鬆綁開放。二者的反抗的對象是神權、君權以至家族的父權行使，因其均壓抑、剝奪了此二者。而相關聯的，是民主的政治運作，能保障自由。但自由的意識形態、哲學思辯，而成爲主要政治價值的自由主義後，遂成爲最要項政治主張，以追求有公平的保護個人思想自由的社會制度，以法律限制政府對權力的運用，並保障自由發展和此類公民權利等，而成爲自由民主體制。也包含了頗多不同的自由政治思想，如古典自由主義，新自由主義、無政府主義等。過去的極權封建、君主貴族和宗教特權，均土崩瓦解，而多爲天賦人權的自由民主思想所開創的三權分立的政治制度所取代。自由的理念，得以落實，由政治制度成爲法權而有憲法的明確保障。

自由思想的開天闢地是由十九世紀法國的盧梭（Jean-Jacques Rousseau）強烈而無奈的提出：「人是生而自由的，但卻常困在枷鎖之中。」因而引起熱烈的討論，並成爲法國革命和法國支持美國的獨立戰爭之理念，遂有自由女神塑像在紐約哈德遜河的出現。其後自由有了具體的內容，如集會結社，言論行爲居住，寫作研究等的基本自由，並擴大而及精神層面的人格名譽不容污衊侵犯。最重要的學術思想的研究、創新、弘揚等的不受拘限，自由得到落實及保障，較之民主更有寬廣的意義和普及的行爲實際，而成爲現代的普世價值，「不自由，毋寧死。」是求自由的壯烈宣告。

回溯自由權益未獲得之前，「人是生而自由的」，只表現在食物鏈的原始叢林狀態時，是自然狀態的自由，更無任何自由的保障，只是弱肉強食。其後的神權、君權、父權至上的世世代代，自人身以及行爲言論，均無自由可言，我國至滿清統治結束之前，官員民衆均是「奴才」，「君要臣死，不得不死；父要子亡，不得不亡。」在西方亦係如此，教庭的異端裁判所可以判決燒死胡斯，軟囚伽利略。所以自由的提出，有法權的保障，乃抗爭而得，如孫中山先生所主張的「革命民權」。自由是最可貴的民權內容，現代仍有受神權、君權等的無理無法的侵奪。

過度的自由，成爲張狂的個人主義，其反政府、反法制、應受限制。但由自由而產生的創新和脫出「無往不在枷鎖之中」的奴隸狀態，這重大的改變，誠然震古鑠今，是此時代的最大進步，又與民主相聯結而爲此前所無的「雙璧」。然而網際網路盛行之後，自由有更大的擴張，但難節制，而粗鄙、漫罵等，損害了自由。

（二）有神與無神的新變

人類文化思想的演進過程，是由有神的存在及思想的形成開始，而且由雜亂的多神漸漸統一於一神或「神族」，成爲「有神論」的宗教型派，遂有理論的教義、有信奉的儀式，並規範信徒，曾統治人世而且出現了宗教哲學。天主教、基督教、回教、佛教、道教是有神論的典型，其教義和思想行爲，成爲多種的教派與哲學，其影響幾全面及於人的生存生活與生前死後。科學亦受其正面、反面的刺激與影響。現代的科學科技發展，幾不見宇宙間的有神和其發生的作用，但科學家並未作反宗教和反神的宣示，乃多由崇尚宗教信仰自由之故。但現代激起無神論的大興起，日益形成有神與無神者的爭論和變化，而可顯見其要項，有神論的宗教、仍居優勢：（一）世界各民族的演進無不經過有神的原始階段，神是超越的存在，是萬事萬物的主宰和掌控者、能支配人的生死，並降禍降福。（二）人以想像和思考及直覺，開出各種有神的理論，並以不同的崇奉儀式，分別成立各宗教、分裂爲各教派，展開傳教活動。（三）神有人神異格，人神同格之分，即人也可成神。（四）神的信奉者、往往爲神的代表，組織信徒，實行人世的統治，有君權神授，教主即君主等時期。（五）由人的理性之自覺，科學更證驗了神非造物主、禍福命運非神所掌握，如「上帝死了」、「上帝不會玩骰子」。神及教主退出人間世的政權掌控，成爲神壇的象徵。（六）科學的宇宙論等、激發了超人思想，增多了無神論者，抑底神的威靈，現代的自主墮胎，同性者可以結婚，教徒可以拜祭祖先、有神論者與無神論可以結婚、可以各有習俗而集體生活。（七）個人係獨立體，強調個人自由意志，對自己負責，而有存在主義的「存在先於本質」的思想，超越有神論和無神論。（八）有神論者往往因信神的誠篤、陷於迷狂及恃衆而逞暴力，致形成恐怖集團，並排斥無神論者和其他宗教，甚至抱殘守缺，阻礙信徒的進步，而淪於迷信而不自覺。

科學和科學哲學，是以物質和能量的研究創新爲主，其於人的心靈和精神、情感層面、僅能刺激理性，顯示事物之真實相，而不能加以改變；故任人的信仰宗教以至各種迷信，仍然大行其道，有神與無神之爭仍將常存，徒然顯示信仰自由而已。但有神論的改變極大、神已非至高無上，威靈無比的存在，此一信念及思想，使神和教主退出政治體制和影響，乃極大之改變。如果仍君權神授，能有民主政體、信仰自由及無宗教戰爭嗎？

（三）自然與超自然的新變

人與大自然的關係深切無比，地球的事事物物，雖常在演變消長之中，但其物質、能量及現象等，均係客觀的存在和呈現。因人類生存活動於自然狀態之中，在科技未有巨大進步之前，人類依五官六識所產生的感覺和思惟認知，大概止於「四時行焉、萬物生焉。」和「天行有常」的範圍之內。至於超自然的存在，則是神和冥想意忖的空間，產生了無數的神話傳說和虛幻的認知辯論，並成爲甚多的思想文化及傳承。因科學的進步，科技器具探測的結果，於自然事物現象等的認知，無限地擴大，由地球至太陽星系而至宇宙之大，由明物質、明能量至暗物質、暗能量以及事物變化之奇，甚至已消失的自然事物如恐龍、長毛象等而知其概況，冰河期及煤與石油等產生的奧秘亦已大明；至於諸多生物，則能由形體之外而深入形體之內而明其結構；因而有了能證驗、能計算的真實之知，擴展成諸多的學門，而不同於以往的糢糊虛幻，故能掀起學術思想的大變。此爲自然現象的廣大深入瞭解而起古今之大異。

自然現象是指自然界依大自然的物質、能量的性質、規律而形成的種種狀況，不受人爲的操作影響，如四時日夜、風雨雷電、至物類的動者恆動、靜者恆靜，能變者依時而變，主要的有物理現象、地理現象、化學現象等大類。而人類依其作爲的社會現象不在其內。自然現象仍有謎團待解者的存在，而視之爲神秘現象，如北極光、太陽風、赤潮等。但是已逐漸有科學的解構和說明。

與自然現象同在而相對的，有超自然現象，即在自然界中無法解釋和證驗、以及不能見到而能感覺的奇異和力量、不知其所以然的變化，而又與魔術巫術不同，常稱之爲靈異現象。因爲自然現象中仍有極多不解的謎，科學科技無解，故發展而有探索真象的「超自然俱樂部」、「超自然現象科學調查委員會」，其調查員喬治尼爾（Coe Nickell）有十六本著作，揭穿此類案例，也影響而有科學懷疑論。

自然現象與超自然現象自古至今是並存的現象，自然現象瞭解認識的擴大，相對的是超自然現象探索的縮少，然而就科學科技能探究的功能而言，應排除科技力所不及的部份靈異現象，且以確立科學的真確論，也明白科學不是萬能的。

試以古今作對比：（一）古代的超自然現象，幾乎無窮無盡，由日升月沉，風雨雷電、大地的出現及山川樹木等，均是超自然現象的存在，認爲是神力和神的作爲，如殷商時代的庶物崇拜，《聖經創世紀》的人和萬物均由上帝所創成，均能歸於靈異現象，而實係自然現象。（二）科學進步之後，探證了地球的形成、太陽星系的存在概況，地球生物的演進階段，人類出現的時間，更以樹的年輪作時間的計算單位，加上化石的出土、同位素定年法，確知地球存在了多久，人類在何時出現，地球有了簡譜，原本係超自然現象之事物，成爲不足怪、不足奇的自然現象。（三）科技工具如顯微鏡的出現、發現了微生物，精密太空電子望遠鏡、大型電腦的使用，由光速而得光年，知道宇宙的廣大等，突破了極多的宇宙秘密，自然現象有了無限的擴大。（四）科學發現了明物質、明能量、暗物質、暗能量，如宇宙四力的萬有引力、電磁力等，其神妙的作用原被誤認係不能知的靈異現象，已解構爲自然現象，成爲諸多研究應用的化學，物理等學門。（五）超自然現象仍有明確待證驗求揭露的大事，科學家列舉人是否有靈魂、有第六感、夢境何以有與現實情境相同、是否有太空人等。有的屬於科學能驗證的範圍，將逐漸揭露原委，科學和人的努力，不是無能的；但仍有原因複雜的自然現象而爲長久超自然現象的存在，如世界多處的「間歇泉」、泉水至停止狀態、忽又湧出達數十米高，如冰島的「蓋策泉」（Great Fountain Geysir），因此世界知名。又如二〇一三年的世界十大靈異事件等。（六）夾存於自然現象與超自然現象的，仍大有事例，如公雞能報時，而母雞不能，豬籠草、捕蠅草何以能捕食昆蟲而爲植物中的肉食一類；鮭魚、海龜等的回游，候鳥的何以準時往返飛行數千里？癌病等已有病症的說明，而訖無證驗其產生原因的實況呈現，仍待揭謎。但人類在好奇揭秘的全面努力下，將能得出真實的原委，如含羞草、年輪、光速、基因、細胞、細菌、紅白血球等，已證知其何以係自然現象。（七）人類創造的超自然現象，人有如神的功能，創造出人類所創出而係超自然事物，如雷射、「人造人」、人而爲超人的「大力士」、生化人等。因有數據和理論等的說明，檢驗其爲真實事物，若在此時代之前，必視爲超自然之靈異事物，人類已大幅改變了自然。在古今對比之後，自然現象與超自然現象有此天差地別的不同，影響人類的思想學術技術與生存生活匪淺。僅就自然現象而論，現象主要的呈現就是形象，形象爲形象思惟的根本；由形象而及鳥獸草木、山川天象的各種分類、構成代表某物某事的概念，方有邏輯思惟術的建立；至於自然現象之形成原因和內容，乃一切學門建立之要件。

（四）土地量測與「經天緯地」的新變

上述三者是人類古今之新與變之根本，乃哲學、科學及一切學門、思想文化等蛻變之原因而見其大者。更加落實的科學科技的創新出變，更能得出古與今之迥然不同者。古人不知地球之存在，但無不知土地之重要，不止於「有土斯有財。」土地乃人類能生存和發展的物質基礎，更是一切生產、一切存在、一切活動的根本。古代所出現的是土地的測量，由尺、丈、畝等而形成土地的主權及範圍，由資源性而變成財富。在近代因科學多種儀器之出現，由地面土地主權而確定空間主權的領空、海洋主權的領海，由座標、地球的經緯度組成地球的地理系統，把地球表面網格化，南北向爲經線、東西向爲緯線，各有度數，稱爲經度數和緯度數，正如地面土地由尺或丈而劃分成畝等，以確定地球上的空間，並能標示地面上的任何一個位置，包括海拔而切實完成「經地緯地」，並因此發展出大地測量學。由地面至空間、均有主權的存在，最起作用的是領空和由空領而生的航空識別區，形成諸多的國際爭奪糾紛。

控制由地面至空間的儀器，是由衛星所組成的全球定位系統，又稱全球衛星定位系統，由英文（Global positioning system，而簡稱 GPS）為地球表面 98% 的地區提供準確的定位，有軍事和民用的諸多功能，且可得出人和物的移動定位。

全球定位系統，先由美國開發，俄羅斯的格洛納斯（G-LONASS）繼之，歐盟的伽利略、而大陸的北斗星則最晚出，其第四代的北斗導航晶片的定位精度為二點五公尺。全球定位系統其應用的大類為武器導航、車輛導航、船舶導航、飛機導航、星際導航、個人導航；而定位功能則有車輛防盜系統、手機、通訊移動、電子地圖定位系統，兒童及特殊人群防止走失系統，尤其是工程施工、勘探測繪、資源調查、森林防火、地質探勘、目標監控等的國防民用，均有重大價值。較之以前的指南針、地圖等的效能，已不能同日而語，而其功能等協同其他工具的使用更在日益精密、日益發展之中，例如爬山旅行，車輛行駛之不虞迷失及被盜，既方便而神奇，此古人不能夢見和想像，使虛幻的空間，由地面升至太空、外太空，均可由經緯計算而加使用。

（五）時間空間有限無限的新變

關係人類生存活動最大的，是空間與時間，古人對此只知其重要性，也僅有模糊的認識；空間是人類的舞台、時間是人類的生命。但到了現代、方確實知道空間的具體性存在爲一度空間，乃一直線的概念。二度空間，是平面的概念。三度空間，是立體的概念，此前是含混的體認。故進而有深刻的意義確定：空間是客觀的存在，乃具體事物的組成部份、是運動的表現形式，也當然是「容器性」形式的存在。於人而言，是從具體事物中作分解和抽象的認識對象，即具體事物的存在，有一定的空間位置，合乎空間的規定，有形式和能量的要素。但最重要的是空間的地理性和相關的意義是人類活動和思惟可及的範圍；如私人活動空間，國家領土空間、宇宙空間、思惟空間等。因而更有形而上的哲學意義、空間是絕對抽象事物和相對形象事物，元本體和元實體組成的對立統一體。切實界定了空間是形而下之事物和形而上的非具體存在的根本容納者。並由數學、物理、天文、文學等學門，有各種空間的分類。乃人類對空間的認知和利用。

時間是根本的存在，與空間結合而組成四維；時間與空間是宇宙的二種基本結構。人類最早已知時間的可貴，人由出生、成長、衰老、死亡的不可逆轉。時間最早的研究是天文學，以測定時間，確定年月日和季節，以便農耕和作息，而見之於中西的曆法。現在則屬於物理學爲主的學門，而科學的數學分類空間更有不同；哲學、文學、藝術等的分類和體認，尤大有差異。極見古今之大變的，是電腦網際網路的突破時空，而又改變了時空的某些性質，如網路空間、信息空間、思想空間等。

歸納時空的古今變化，有不同的要項：（一）時空係起於虛幻性的臆想；時間有多長，空間有多大，有極繁多的陳述，但以「無始以來」的不知其開始，是二者的基本共同見解。（二）有神論者的神能創造世界及萬物，必先承認有時空的存在。神存在於空間中，又不隨時間而泯滅。（三）人類因生存活動、要獲得土地，順應天時，認爲土地有空間性質，由天象的早晚四時等，體會出時間的變動不停。（四）思想家興起時空的哲學認識：「上下四方謂之宇，往古來今謂之宙。」至於時空的起源，性質、能否分割等等，均有仍屬謎題者，多有臆想和推測，而難有明確的認知。

進入亞神科學時代，因科技工具和日益精密的儀器的探測和發現，於時間空間的認識而至運用，至牛頓和蘇格蘭物理學家麥克斯韋（James Clerk Maxwell）而有空前的變化：（一）空間的三維和時間合爲四維，奠定了可以計算的數據基礎。（二）因光速光年而知地球以至太陽星系空間有多大，出現時間有多長，擴大至全宇宙和銀河星系等。（三）大爆炸說，科學家大部份認爲是時間空間的開始，正極力搜證驗證。（四）時間空間以切割而出現銘記，時間有可數可計的時、分、秒等，空間有空間座標及經度、緯度，二者結合，而成多種科技實用，由地面至太空，有各種飛行器具的穿梭，各國爭地面空間而至太空空間。（五）不是具體存在的時空，已似實體實物，成爲各種活動的標定和應用方式，時空已成爲經濟的計價單位。（六）人類有如神的功能，創造出網路的虛擬時空。

科學發現了宇的完整結構，總結爲宇宙是無窮變化的物質總和，物質變化包括了時空在內，而有時間觀、空間觀、物質觀、能量觀、生命觀、宇宙觀，其相互之間的連結與構建，以物質與能量之間的互涉與變化，涉及動與靜的微妙，以千言萬語，加上算式和數據，是科學哲學的繁富內容。反觀以往的傳統哲學，比較之下，甚爲虛泛而無證驗。至於主要宇宙結構的時空，有了極大的變化：（一）在物質變化完成之後，不見時空的存在，時空已在變化完成之中。（二）物質變化完成之後，時空已不重要。（三）空間是虛擬的人造的概念。這類的時空觀，正在掀起各種不同的突破和觀念的產生。較之以往最大最根本的不同，是只認識時空是自然狀態的存在、如「天長地久」、「逝者如斯」、「天無私載，地無私覆」等。

現代對時空有諸多的突破，由科學的大進展，上由宇宙論、天文學、下至物理、化學的諸多學門，至於科技，幾無不與時空有關，甚至是以時空爲生起和變化的基礎，更可以算式和數據爲檢驗。但是忽略了時空的「中立性」，其簡單明確的理證事證，是事事物物，有形無形的存在和變化，雖與時空有關，但時空並未介入其中，而是任其存在，任其變化，顯示其一切中立性的特質，基本上是動者任其動、靜者任其靜，變者任其變、不變者任其不變。以太陽系的行星而言，諸星和其隨附的小星，其運行、其隕落、其衰變等，時空任其物質、能量之所及，任其自行存在而變化。極明顯的是空間有明物質、明能量的存在，有暗物質暗能量的未能發現，明物質、明能量，如風雲電雷、宇宙四力，是古今皆任其如此，暗物質、暗能量亦係如此，以待人類發現。動物植物能存活多久？有何種何類的變化？而是由其物質、能量等的自主自爲；人類各種太空載具，活動在太空中，以至原子彈的轟炸，核子試爆等，完全由人自作自爲，時空既未介入也不見有時空的人造的概念和人能造成的時空。（四）時空能在物質變化之中而被包括在內，二者自應有其物質性方能如此。（五）時空不是無始無終及無邊際的存在，必應有其物質性，但是超乎物質和能量，而有不介入物質、能量變化的「中立性質」的特色。（六）空間和時間依人類的能認知感覺而言，可以說是「人造的概念」，尤其是唯心論者所主張。但是長遠的感知和經驗，已知其是自然狀態的存在，如「天長地久」、「逝者如斯」等，是時間流逝和存在的體認；「天無私覆，地無私載」，是空間感覺的實際情況。時空雖有認知，人類已改變了時間，但仍有如謎題待解，因爲二者是宇宙的最大而根本存在的奧秘。

（六）自然叢林與水泥叢林的新變

人與衆多的生物，以地球的同一自然狀態爲場所，共同生存生活而各自演進。長久之後，因潛能稟賦之不齊，而演進的快慢、適應的程度大有差異，人類以聰明才智的傑出，而能獨佔地球，並極大地改變了自然生態，其最特別的表現，是邁出了自然叢林，脫離了食物鏈，創出水泥鋼筋的「水泥叢林」，掌控而又改變了諸多生物的自然狀態。所謂的水泥叢林、是現代科技爲主因的創新，由住所的建築物、道路、機場、水庫、港口等，均係水泥鋼筋的構建。現在的杜拜（又稱迪拜）大廈更是典型的代表，建築在沙漠中，有一六〇層，總高八二八公尺，是地球的地標。世界其他都會，無不有地標，總而言之，是水泥叢林，替代了原本的竹籬茅舍和巢居洞處，其數量品質超出了自然叢林。

參照現代科技所得資訊和數據，地球的原始狀態，大約似月球的荒涼而無生物的存在，其後出現的自然叢林，是極重要的演進階段，現在已知道由無生物到有生物，其時間有多長，人類何時出現？如何與其他生物共同演進？最初的類人猿、智猿、是與恐龍、長毛象等共生共存，已有化石、骨牙等物作證明。演進至自然叢林的出現，是地球的各處，有山川河流、而有不同的各種生物的生存活動，花草樹木的蔚然成林，成爲食草食肉和雜食的大小動物的生存棲息之地，方有自然叢林的出現和食物鏈的形成，人類乃其中之一。此一最原始的階段，人類不過穴居樹棲，茹毛飲血，而且係食物鏈中的一員。此一階段極爲漫長，而構成了自然法則：（一）弱肉強食、適者生存，不適者淘汰。此一後來爲達爾文所發現的演進原理，修飾了你吃我、我吃你、有你無我、有我無你的血淋淋之實際。（二）在食物鏈中的相互吞噬，達成了自然性質的平衡法則，如果某一物類無天敵，則必滅絕，例如羊群牛類的食草動物，若無食肉動物等的吞滅，繁殖至極點，則草類樹葉吃絕之後，必然全部餓死。（三）演出物與物的共生法則：叢林間的花草樹木，不能無動物的食用，於是出現相依共存的循環法則，植物被吃之後，再生枝葉，免於自然的枯死而不能再生；動物的糞便、又成滋養，並隨糞便將種子撒播遠方，此類的生存互動，幾遍及諸多的動物與植物之間。（四）自然法則成爲人類以後諸多法則的意識型態的體認和先驅。

水泥叢林不是偶然的出現，乃科學科技及人類創新的綜合結果，由產業革命後而逐漸形成，更在迅速擴大之中、最明顯的結果：（一）水泥叢林的擴大，是自然叢林的縮小，使自然叢林可能已減縮了三分之一。（二）人類脫出了食物鏈之後，便損害和控制了食物鏈，諸多動植物賴人的野生動植保護法而存全，或成爲人的寵物。（三）人類由自然法則演進而全面建立了人類社會的道德律、法律，以至許多家庭社團的潛規則、明規律。（四）水泥叢林多方面阻礙甚至斷絕了與自然事物的諸多關聯和破壞了自然的平衡，於是導致了大自然的反撲，最危急的是冰原的融解和崩塌，海水平面的日益上昇，減溫排碳等，成爲當前的急務。（五）水泥叢林成爲人類脫離自然平衡狀態的獨霸發展，已絕無天敵吞噬的存在，人口急速的成長，居地糧食成爲大問題，而自然資源亦呈用竭之勢。（六）人類因膚色、地域、種族等的諸多思想、利害等的不同，成了水泥叢林中遠遠超過食物鏈的相互吞噬，而卻是人類大小戰爭的彼此毀滅。

人類面對此一情勢，已覺悟到不能以「人滅天」，大啓水泥叢林與自然叢林的並容和連結的覺悟、其成效在逐漸彰顯之中。如不能和平共進，修補人類與自然的和諧關係，則人類生存岌岌可危。

（七）有紙和無紙化的新變

亞神時代有各種各式的創新，產生了無數的變化，而出人想像之外的，是由有紙而至無紙化的大變化。紙的發明，足堪與火的應用相媲美；火使人脫離茹毛飲血的原始生活狀態，而紙則是經驗、思想、學術、藝文等能記錄傳承的重要工具而進入文明，也是日常生活重要用品之一，而為文房四寶之首。由官府案牘文書，至民間契約、各種典籍信札、書畫藝文，形成公私典藏，以至現代圖書館的出現，真是人類文化學術傳承能構建的寶庫，知識的銀行，無人不知其重要。

進入亞神時代之後，因電子科技的進步，有電腦程式等的創新，而進入無紙化的空前變化。由電腦的幾無限制的儲存、傳真、複製各種文件、光碟有大量的藏書空間，電子書的流行，網際網路鋪天蓋地的資料呈現，正式有雲端圖書的出現，使無紙化的文書典籍的大事流行。無紙化之數位典藏因使用方便，且無水浸火毀蟲咬漫漶等之虞，更可縮少存放空間、減低成本的諸多優點，故雖未完全取代有紙文本，但已是二分的局面。而隨科技的進展，較之有紙文本，漸呈壓倒的優勢。

無紙化是知識文化空前的進展和變化，有特別的價值與意義：（一）無紙化大有助於有紙文本，不只是取而代之，因爲電子書和光碟、電腦等，完全可使紙本文書之無紙化，而保存更完善，使用更方便，又不佔大多空間。（二）無紙化的科技，可讓人建立個人的圖書館和資料庫。（三）無紙化大有助於新圖館的建立，於以往的有紙文本能輕易獲得而大減縮空間及經費，如四庫全書、古今圖書集成，若購有紙的圖書，是多方面極沉重的負擔。（四）雲端圖書館是無紙化的迅速發展，其使用及交換圖書的方便，更是空前的突破，可以跨館、跨地域、跨國家而備用。（五）無紙化更擴及諸多的行業、逐漸取代支票、紙本文件，現金交易等。

有紙本和無紙化作比較時，無紙化不能如有紙本的可觸摸等的實質形體呈現，更難成爲書畫類的藝術品。但可以避免製造紙張的用竹木等的天然材料，不損毀大自然，而有減免成本的經濟價值。而且作古今的文創比較時，無紙化而成圖書文件，是此時代之前的古人不能夢見。

（八）有工人、有材料與無工人、無材料生產的新變

近代全球最大的改變，是財富的絕大集中，新聞報導全球首富八十五家族，擁有相當於三十五億窮人的財富；全球百分之一最富之家，竟佔有全球百分之六十四的財富，估計有台幣三千五百兆。若換成生活等級的差別，顯然是雲泥之隔，極貧者更瀕於飢餓生死的邊緣。試追索何以如此，應係資本主義盛行，生產經營形成大公司、大行號的出現，操持者方能有如上述的財富大集中。以德國西門子公司爲例，員工達四十萬五千人，生產行銷達全球一百九十國，總資產達一千二百億美元以上，每年獲利及集累的財富可想而知。全球其他如摩根、大通、通用及繼起者，現正如雨後春筍，不止於金磚四國的此類發展。故而形成前古所無的巨變。

自生產而言，是科技的創新，而有創新後的投產，以古今作對比，方能見其

新變之大。由十八世紀開始，步入工業革命，是以科技研究的成果，促進了以機械生產代替了以往的手工業和農耕，進入了工商社會。在此後三百年間，此前的小工廠、小企業，隨科技的帶動、產品的創新、資本的累積、經營方式的改變，而形成現在的跨國大公司、大行號，超出國家的界限和管理，直接間接影響極大多數人的生存生活和前途命運，甚至法律，道德律等難以規範，「富可敵國」，不是空言。僅有個人和集團掌控之別而已。

此約三百年間，生產工具和生產方式，經營方法、資產形成等、又有重大的創新和變化：（一）機械生產、由生產線而半自動、全自動化。（二）公司資財由個人而集體而股本。（三）自動工具，尤其是機器人取代諸多人力工作，工廠將發展爲全部機器人工作之工廠。（四）3D和4D列印科技將來的全面發展，有取代大部份工廠之可能，個人在家中以電腦及軟體設計而個別生產。（五）列印生產不需此前工業生產之原料物質，僅以極微量之化學物，即可製成所設計之產品。

以列印生產的方式與機器生產作對比、其空前的變化是無需一定的機械設施，幾無工人、工場及定量分的固定原料，即可製成所需要的產品。以3D列印的生產，已有金屬鎗枝、汽車等各類成品，最近上海以3D列印技術在二十四小時內造出十棟小屋，其過程只需一張圖紙、一台電腦、就地取材的建築垃圾製成的特殊「油墨」，完成了建築工程，其牢固度合乎大陸國家建築行業標準，而正式交付使用。

此一生產方式可簡單歸納爲不需工人、不需材料（產品應有之必具重材料）才能生產所需之物品，正由全世界在作更進步之研究、已在普遍及多方改進，已有多種投產，更顛覆了此前機械生產之需人工操作，一定材料供需之生產方式，而進入神奇的另一產業革命，其發展、其變化及影響將無法估量。

（九）真實世界與虛擬世界的新變

人類的世界，有現實與理想之分，理想世界乃想像的結果，常以虛幻、片斷、旋滅的方式呈現，如筆記小說中的〈黃粱夢〉、〈槐安國〉，與真實的世界完全不同。但在亞神時代的今天，竟有「虛擬世界」的出現，而與現實世界相對應、相聯接，不純是夢幻、不只是浮想，而可隨時進入此虛擬世界之中。最神奇的是有如現實世界情景事物之出現，置身其間，能隨心所欲而樂不思蜀，不覺其爲虛擬。

虛擬世界之構成，乃電腦的軟體程式，模擬真實世界中的真實環境事物，以虛擬的人物爲載體、進入其間，能在其中生存活動。再深入探究，乃科技人士以電腦、互聯網、衛星爲工具，加上人的潛能意識的開發，有頭盔和游戲艙，一旦進入其中，此虛擬世界便獨立於現實世界之外，但仍與現實世界有聯繫，似居於人世中的另一世界。

玩者戴上頭盔進入之後，便能以物化的居民身分入境，彷若能走能飛，能坐乘交通工具而活動等，經由文字、圖像、聲音、視頻等媒介作交流，成爲你我的「虛擬世界」；又有虛擬的幻想世界，虛擬的現實世界之分。最奇妙而誘人的，是人可以由一無所有而創出希望所有，一言以蔽之，有了超出現實世界的「另一人生」，似幻而真，因爲能生起現實世界生活的感受與經歷，又無往而不利，其所爲而無不成功，漸而迷失了虛擬世界和真實世界的辨別，使人陶醉沉迷其中。虛擬世界似真而假，明知其假而覺其如真，係由電腦以三維平面圖形，模擬而顯示三維圖像，與現實的世界作比較，僅欠無現實的距實空間，此一虛擬空間是空前的：（一）不是以假亂真、而似魔術師式的假而爲真，因爲有事物的形體圖像在前、與行爲相依相伴。（二）在現實世界所不能完成和願望之事物，在虛擬世界中有作爲努力的空間和經歷，而居然成功了、得到了，在 3D 的圖像顯示下，如開農場種菜、而菜的形體在手成爲收獲，恰如現實。（三）此虛擬世界，可作工作訓練模擬之用，如臨實境，可收經驗及缺失改正之效。（四）虛擬世界的仿真之成功作爲，可發抒現實世界之不滿，平衡精神情緒的失落。

隨 3D 等科技之發展，虛擬世界在現實世界有了極大的應用空間，不必有實體的辦公室，也可以成立公司，進行商業行爲，因爲能以網址取代公司登記，台灣正式提出「虛擬世界法規調應十年計畫」。雖受礙於移除公司登記相關障礙的怎麼管理，如何繳稅之問題。卻可吸引全球網路公司前來設站，以成爲全球網路軸心。此係由虛擬而入現實世界之最大發展，正在叩開應用之門。

虛擬世界雖係科技之應運而生，但甚多網民進入之後，迷戀難返、如痴如狂，至有成癡成狂者，而不顧現實之生活、工作、責任等，猶如毒品之爲害而難以自拔，成爲當前之大患，故電視網咖不得不取締，但收效甚微。

（十）傳統經濟與網路經濟的新變

人類的商業行爲，隨時代而進步，有甚多的改變，由以物易物，進步至金錢、以紙幣支票完成交易，是傳統經濟行爲的基本模式。而現代的網路經濟相形之下，乃天翻地覆的大創新、大變化。網路出現不久，由上網的虛擬世界，由單一的上網購物，至互聯網的可買可賣的「網購」，已大不同於要有一定交易場所、貨品展示、錢貨交付、及預售、期貨等的契約行爲，是爲網路貿易或網路經濟在已發展成傳統經濟之外的新系統。其始是傳統經濟的附庸地位，逐漸成爲平等競爭的匹敵地位；雖然有相互依存的伙伴關係，但在網路銀行、網路貨幣出現之後，網路經濟有了巍然獨存的地位，成爲以往任何時代所無的經濟體系。

傳統經濟及市場，在第二次大戰之後，由工廠生產至交易行爲、交易媒介等，已有巨大的改變，最主要的是跨國公司及廠商的出現，各式銀行的崛起，以支票代表貨幣等。但發展至以提款機、提款卡代替銀行行員的支付貨幣，又以電腦程式、衛星、光纜作數據數位及通訊，不但使上網交易大行，而又有網路銀行的出現。雖然是在網路形成和網購之後，但現在各大銀行無不開設網路作業，提供帳務查詢、轉帳、信用卡、基金、貸款、證券、外匯等服務。最近已進一步成爲「第三方支付」，即銀行業者可以開辦線上儲值服務，辦理離線實質支付。乃使用者開立電子支付帳戶之後，以電子設備的連線方式，進行網路銀行的活動，包括彼此匯款、以至發紅包及生活費，擴及夜市小額消費等。實際上是網路經濟的大形成，其特性爲：（一）網路經濟由上網購物開始，擴大至網路銀行，而成消費及交易的洪流。（二）隨電腦、手機的發展、可隨時上網、無日夜之分，不必有傳統市場的店鋪、交易員工、貨品陳列等，既無市場往返之勞、又有刷卡付費等之便，而快速成爲新興市場。（三）網路銀行出現、有網路貨幣、結合快遞物流，可以迅速完成交易，及銀行業之投資理財，貨幣結算等，其方便、節省、遠勝傳統經濟活動。（四）網路經濟活動，可以給合、助益傳統經濟活動，如傳統之雜貨小店，現已成爲大型系統之公司。（五）在列印物品普及之後，網路經濟更必隨之發展，因爲根本不必有工廠、店鋪、而以網路銷售最直接而方便。

網路經濟現雖與傳統經濟並存並行，但已實際大爲改變了傳統經濟活動，上網購物、網路銀行，正顯示其特性、而日益壯大。此一創新，形成諸多意想不到的變化，顛覆了諸多的舊商品事物，舊交易法規，舊經濟行爲模式，最明顯的是不必帶錢包，不必用現鈔交易。

（十一）單媒體與多媒體的新變

報紙是通俗、普及而又久遠的文物，近代被稱爲精神糧食。溯其起源，乃政府的公文書，如漢朝的邸報、唐代的開元雜報、西方的《通告報》（Relation），所公告的是政令規章和大事，均爲政府所辦之官報。至近代而有私人興辦的報紙出現，幾已完全脫出政府公文書的形式和內容，而通稱爲報紙，雖以報導新聞爲主，但內容雜多。隨後出現了週報、月刊、雜誌等等，至現代而總稱之爲平面媒體，因爲這些新聞性報導，以美術構圖的概念，因點線面爲基本形式，係透過 2D 的方式而呈現。至因爲有電視、電影、有無線電廣播的新興事物的出現，以 3D 的立體方式呈現，而與 2D 相對應，稱爲立體媒體，成爲新聞報導的大創新。又由工具、技術、報導的方式等，均有極大極多的改變，報紙已不足以涵蓋，而稱之爲媒體。媒體乃媒介之意，多媒體意謂媒體非止任何一種，而稱之爲「新聞媒體」、「傳播媒體」、「大眾媒體」。尤其網際網路出現及盛行之後，人人可以上網而傳播個人、親友、體團之動態、評論等，更擴大了多媒體的範圍，可以獨立而稱之爲「個人傳媒」或「庶民傳媒」。而且不需付費，無任何的限制，可使用任何的文字，不必有任何傳媒的發行方式，而又可立即傳播於網路，無遠弗屆，不必計及有無接受者，而爲第四權的極力發揮，係此時代所獨有。

與多媒體的相對而言，應有單媒體的存在。單媒體係指傳媒的接受者每一個人所起的視覺官能之反應，是單一的反應；而多媒體則是有視覺以外的聽覺反應，不止於有形象有色彩，而有音響、音樂、節奏的同時出現於傳媒中，最典型的是現場轉播，電視、電影等，有的已超出傳媒的範圍；單一的聲音也是傳媒一類，如有無線電的媒體傳播，至今仍是主要傳媒之一。總而言之，是現代媒體的多樣化，不止於單一的感官的接受。合單媒體與多媒體的應用，除新聞傳播之外，有多層面的功能、遍及廣告、娛樂、教育、藝文、醫療、工程等，而且與之有關的創新和事物的改變，均具有新聞性，所以傳媒既是第四權的行使，更是知的權益及最新知識的擴使週知。相形比較之下，亞神時代之前，實無第四權的行使，也無新聞自由之可言。至報紙出現之前，所有的政府公文書，誠如王安石所言，乃「斷爛朝報」而已。

以上的十一大創新和引爆性的十一大變化，是這一時代最大的特質，現代人置身巨變之中，以其係漸進漸變的居多，加上傳媒能作全球性的立即報導，耳染目濡之餘，已見怪不怪，致不太驚訝其新其變。但在古今對比之後，方大起新變之感，而知新變之大之奇之速。又置身在無窮新變之中，正在接受新變的刺激與考驗，尤其是生活物品，醫療保健、運動娛樂等項目，更目不暇接，驚奇至於神搖目眩的程度，決非十一大新變所能概括，而十一大新變之中，又包涵有千千萬萬的大小新變。可以歸結爲：

> 現代的脉搏，悉在快速新變地進行。未有經創新而不變者。不創新、不順變，乃此時代之廢人和棄物。人人皆在此新與變之中生存生活，不能不接受考驗，以順應時代之變化。

捌、科學對人類的大改變

一、前　言

人類出現於地球，已有數千萬年，至原子時代因科學而起空前無比的大變化，科技發出天翻地覆的功能，使人類地位取代神的位置而爲造物主，短短三百餘年稱之爲「亞神時代。」此後必然會繼承此大改變，進入人而「爲神」的「入神時代」，其斷代的標準，可設定爲人類能創造物質、能量，造出生命，不止於目前的「生化人」、「人工人」。簡而言之，人有唯神論時期神之諸多的神奇。在進入此「人而爲神」的階段之前，設定爲「後亞神時代」，不但時間不會大久、而此一階段已經開始，待發展至人與「非生人」共處，並組成社會，人類全體的生命可存活超一百五十歲以上時，則社會的結構、人際的關係，人倫道德、法律規章及一切作為，必大部被顛覆而改觀。方係後亞神時代的結束，進入科學家所提出的「超人類主義時期」等，已是過渡的必然階段。人類大改變已可得而言。

二、人類的演進述略

人類原係自然生物之一，在經長期演進及基因突變後而為其他生物的主宰，並居獨佔獨霸地球的地位。但在約四百年前，科技未突飛猛進，僅限知於人是天生的，或是神造的。至精密的探測儀器如電子望遠鏡、電子顯微鏡、電腦等的運用，略知約五百萬年以前，人類由古人猿的進化而有原始的人類出現；再經約二百萬年而有「智人」的演進，並有化石、殘骸骨及其他實物的證驗，確知人非天生、亦非神造，而係自然物種的演進結果。也探測出地球的形成狀況，和自然生物的演化情況，人類係經過了適者生存，不適者淘汰的考驗而大演進。

確定人類的起源，人非神造、天生，而確定人的地位，係由長久的演進，人類非自然性的依草附木，而有其特具的潛能，係全體的自作共為，而出類拔萃，出於人的智慧、創造，非神的恩典。科學科技的改變世界，大力拔高了人的地位，由亞於神、將至超越於神。證明人類改變了人類，自身成就了自身的地位。

三、人類大躍進紀要

人類最大的躍進，是距今約四百年間的科學進步、科技創新，由進入工業革命及原子時代，此四百年間，銳於以往的千年萬世，非石器時代、陶器時代、銅器時代、鐵器時代所可以比擬於萬一，僅由人類給予本身的改變和貢獻，即可顯見：

㈠**重大病疫的消除**：人類於天然的災害，以往最難抗拒的應推天然產生及人與人之間傳染性的病疫，最慘烈的是黑死病、霍亂等，一旦某地某村傳染了，只有將人與物完全燒滅燒絕之一途：其他如鼠疫、瘟疫、天花等，亦束手無策。現代均由醫藥消除、雖仍有大小病疫的出現，但在作細菌培養而知病源之後，即能製出疫苗而能掌控。即使強猛如當前流行的「伊波拉」不久必受制而消除，愛滋病是可證信的往例。

㈡**各種病症的治療：**人由出生、成長至生命的消失、所苦所懼，是各種病痛，尤其是疑難雜症，現代出現的癌症、愛滋病、心血管諸難治或不治之症，意外的跌打損傷等。已有抽血驗血、透視檢查的諸多儀器，以知病源；有各種針對性的藥物，以應病與藥；有各科的注射切除手術，化療、水療等，已多能根治並復健。故鮮有不治之症，保障了幼弱殘老的生存和健康。其最大的效果，是延長了人的壽命，增多了全球的人口。

㈢**保健食用品的鋒起：**此前的補品如人蔘、燕窩、魚翅等，是貴族的珍品。至現代而有大衆化保健食品、美白醫術，多種輔助運動器材的暢銷。不是治病，而是保健求美和延年。其促進健康、增加生命活力和年壽，是人類特殊而普通的開創事物。已風行各地區。

㈣**掌握生命本源的躍進：**人的生命是包含肉體、意識、本能的綜合，然後呈現思惟行動的自作自爲的生命力。生命自古以來認爲是神奇而不能探究明白的「極密」，自男女媾精、成孕、出生、成長等，均不知其原因和變化。現代的科學發現了基因，進行了基因解碼的研究和各項試驗，瞭解那是生命的根本，進而掌控生命的改造和改變，最明顯的是試管嬰兒的出生，代孕的孕母，精子銀行、無性生殖，以及轉基因作物的普遍出現。其總的表現，是人的科技，改變了自然生物的生命和成長功能，可以複製人和動物，和部份器官的代用和複製。其影響人類之大，已可概見，未來的創新與發展，則更難逆料，人可能死而復活。

以上是人類的大躍進，雖不是平頭式的，但突破了之後的觸動，將如大海的波動，而無遠弗屆。至於較細微及多層次，各地區的進步，任何描繪記錄均不能縷述。

四、人造人的大變化

人類由演進而先後出現不同之人種和民族，雖有膚色、體形、智能等的不同，但同具的人性、理念，能量並無極大的差別。可是科技發展至人造人的階段，則其發展，將是人類的大變化，現已出現，而又在快速促生之中，科學家正在大量開發，而有不同形態的人造人之出現。

㈠**生化人：**人類有殘疾的失明失聰者、肢體殘缺者，科學家已以晶片投置人體之中，能復明、復聰、及再造義肢等，這僅是生化人的起步，而非人造人。但這類技術用之於正常人，成爲力量、行走、負重等功能的非常人，如能飛騰、能負重的所謂「超級戰士」，則係人造人式的改造人，尤其投入戰場，必與平常人之人混合，已是作戰組織與作戰思想等之大變化。德國科學家，已開發程式，植入晶片，能「腦波飛行」，即能由人之意念操縱飛機、生化人呈現了極大發展空間。

㈡**機器人：**人造人最多、最成功而大量湧現者爲衆所週知之機器人，現已能思想、能語言溝通而作正確反應，已服務於多種工商業界。廠商正籌設全部之機器人工廠。在機器人與人類共同生活，共組成社會之後，於人類的倫理道德，法律規律，將是何等的衝激與改變？現在已有人向機器人求婚，循此發展，人類除異性婚配、同性婚配之外，而將有與非生人婚配，其結果及影響將如何？已難於逆料。

㈢**準非生人：**由工廠生產機械化而有生產線之出現，進展至半自動化，全自動化之後，而有精靈炸彈，更有無人飛機等之多種智慧功能，與「人造人」之機器人有異，與生化人亦不同，應定名爲「準非生人」，乃人將智慧功能賦予機械、而及於其他生物，如訓練海豚、海豹、鴿、隼而作海陸偵測，以人造衛星、雷達作自動化之空間定位、掃瞄等。此類「準非生人」，已多方發展而應用無窮。美國的無人太空機，在地球軌道飛行廿二月之久而返回，其任務秘而不宣，乃準非生人功能進步之例。

以上三者乃人類之智慧能量之擴大，推及於非人類，不僅是人爲萬物之靈，而係創新與改變，使非人類而爲「人造之萬物之靈」。顯示人已有如神之神奇。

五、超人類主義時期

這約四百間的科學科技發展、其知識、思想、智慧已有各層面的創新、觸動，而起有形無形的大變革。雖然全人類仍有貧富、智愚、幸與不幸等的極大差別。科學也非普遍的齊頭發展，更未能泯除愚昧、迷信、執著、狂亂、戰火、及大自然的反撲；更有科學、科技而掀起的災禍、毒害等，但科學科技的共見共許的大作用可歸納爲：

已發現前所未見未知之宇宙！

已改變前所不見不能之世界！

已改造前所未有不同之人類！

但其根本，是全體人類的創新、智慧、努力而改變了以往的一切，實際是全人類改變了人類。上述三者已能見其改變之極高狀況，而變化又在加速、加大和根本變異之中。於人類的根本性質改變而言，是促使了超人類主義的出現和實現。

人類已往有諸多的英雄、烈士、哲人、聖者，光耀史冊，冠絕當時，貢獻與影響垂傳後世，但他們只是歷史上偉大的個人，煥發出個體人格的光輝，特殊的功業和各種開創的成就，可總稱之爲超人。但絕非全人類的超人，全人類的超人，乃今後全人類共同的開拓、努力、精進，而又與「非生人」的他類共進，至全人類是超人。而非只是某一人而爲超人。

近世「超人」（Übermensch）的提出起於尼采（Friedrich Wilhelm Nietzsche），其實他只是求脫出現實，不屈服於教派而成爲健者和開創者：

聽者！我叫你做個超人！超人是人間世的意義。任你的意志狂嘯著：超人終是人間世的意義。

聽者！我教你做個超人，超人宛似闊海、掀起猛浪、吞滅一切濁世污行。聽者！我教你做個超人！他是狂風、他是暴雨，震懾一切！現實人類，卑微偏曲、吝鄙懦弱，我教你做個超人，你已深下功夫，顛倒他，踰越他，努力做個超人麼？同胞，快把你們的精神，你們的德業貫注於人間世。用你們的威權，重新估定一切價值，努力做個健者，努力做個開創者。（見方東美《科學哲學與人生》引）

尼采此一哲學主張，被尊稱爲超人主義，最主要的是不認爲已有超人的產生，而且求其是人間世的超人，不存在於超世間的神界；隱然排除了世間的英雄、極權統治者、富豪等，要「重新估定一切價值」，而定位超人爲健者，開創者的追求。此一高遠而務實，敦促人人共爲，是現在「超人類主義」的理想，而受尼采的可能影響。因爲超人類主義的根本是不能膜拜屈伏於任何神的威靈之下，更不能人類只是自然生物之一類；人人是健者、開創者，才能是超人類主義的實現。不是尼采有此先見之明，能預見科學科技有現代如神的發展，而是有此超時代的理念、見解而爲引領及呼召。更是近世人類全面競爭的大壓力所致（說詳結章）。

「超人類主義」是因人類創新和諸多偉大項目的新變，已超越以往人類的常規，更非任何一位英雄、聖者、天才所能爲所能成，如上述的的生化人、機器人、準非生人，已突出而改變了全人類，而又給予智慧技能與非人類，這是現代的時代背景，而接近尼采的理想、產生了超人類主義，不是任何的政治主張、政黨結構、國家的「霸道」、「王道」主張所可促成。故而有「超人類主義」、「超人文主義」、「超人主義」、「過渡人文主義」等名稱。溯其初始，直接和正式亦未與尼采的超人接軌。二十世紀末伊朗籍美國未來學家 **FM-2030** 的《你是過渡人嗎？》寓有由現在的平常人過渡到未來超人類之意，是一種思考未來方式而不確定。至一九九八年哲學家尼克．博斯特羅姆與大衛•皮爾斯創建世界超人協會，不外表示人們正進入人類歷史上的全新階段，而非世界超人組成的超人組織。

超人類主義被認爲是一國際性的文化智力運動，目的在支持使用科學技術來增強精神、能力、資質，並用來克服人類不需要或不必要者如殘疾、疾病、痛苦、老化和偶然死亡等，均在超出人類以往的不佳狀況，並非成爲個別的超人。顯然是因應科技的進步而生起的願景，全人類正向此邁進。譬如有科學家以藥物功效的增強，許多人完全可能活到一百五十歲以上，豈不是顛覆人僅能活到一百二十歲的斷定？又如，人死後予以冷凍處理，更能日後再生。有的認爲以生物科技可以消除人的心靈和肉體的各種痛苦；最不可思議的是人的大腦和電腦對接，豈不是人的智慧能和人工智能互通。人類更可以視空間如庭院，在太空中掛電梯，有太空計程車等。皆是此前之人類不能實現，甚至不敢期望、所以成爲超人類主義，乃符合此一時代背景，非譁衆取寵。

超人類主義的內部，有諸多的流派，不是黨同伐異，而係有諸多傳統思想和現實社會政治的「影子」，如民主超人主義、快樂主義、奇點主義、理論超人主義，沙龍超人主義，和不能歸納的如孤鳥一類。何以如此？乃科學家仍生活在現在人類的世界，由信仰至現實社會的政治黨派，均不能不受影響，尤其歐美的科學家，生活在宗教的家庭，活動在宗教禮儀習俗的社會裏，例如愛因斯坦最後仍歸向基督教。每一科學家都有七情六慾、形成觀點的不同，故有快樂主義、民主超人主義、沙龍主義等，實不足爲奇，乃由原本人類的傳統和習慣，納入超人類主義中而已。何況超人類主義基本上雖是超越人類現狀，但仍有基本的理性和理念：（一）有獨立思考、獨立研究和判斷的自由。（二）依理性發展，各有科學專技專精、不受他人侵擾。（三）篤守個人的意願，完成心願，不易受他人左右。故而同係超人類主義，依個人的科技專業、及心願、情感等，而有不同的主義，總之：其主義或主張，仍有現在人類社會的影響，甚至是縮影。

六、後人類主義時期

預見科技之進步而更有新變，對人類主義而大起省思，以節制或調和超人類主義，而進至人而為神的階段，乃有後人類主義的興起，是否應如此分期？超人類主義完成了嗎？何時結束？似乎不必考慮。如僅以科學科技之不可遏阻而言，則係隨順人而有「人工人」，預期有信息社會之進程，科學技術，進行部份人工設計、人工美化、技術模擬及技術建構等，這少數人已不是自然人，而是信息化的另一種「人工人」；不是極少數，而可形成新社團等。顯然不是「烏托邦」、而是對科學科技發展不易受人類的掌控，有不能防制的毒害和可能引發的毀滅，而作多重省思之後，提出嚴峻的警告。

由超人類主義所激起的反對聲浪，自係情理之常，但不同的是有由反科學科技所起，如空想綠色環保主義、宗教原教旨主義、傳統主義、及反進步、反革新形式主義，而以空想綠色環保主義的旗幟最鮮明——「拒絕科技發展，回歸自然。」綜合各組織而以思想形態歸納，乃唯神、唯心、唯物等的大反撲。其根本不止是見到了科學的危害，更認爲科學的極致發展，不能解決人類的大問題，如果依超人類主義，任人類壽命延長至活一百五十歲以上，社會變化會如何？如果以「冷凍復蘇」解決無死亡的生死問題，但人類是切實需要死亡，死亡更是大自然的基本規則。何況人類壽命均能活到一百五十歲以上之後，社會組織參入無數的「人工人」，所有政治組織和政治制度、倫理道德、法律規範等等，能規範、能掌控、能解決嗎？科學家和科哲思想的學者，已深爲憂愁，而主導國家權柄的政治人物則均未顧及、卻又掌控主導科技的發展，而鮮有人類全體的安全顧忌和必需保衛的考慮。故有「後人類主義」的提出，而成爲否定和贊同的兩方面，爲「超人類主義」的反應。

七、人類大改變的危險預估

人類的未來如何？極多變化，雖有飛躍的突破，高欄跨越式的超越，但仍以現代的人類實際爲基點。科學科技有不能改變的大格局和大事實，尤其是科技所造成者，而且有極大的危險，隱藏和並存在於科技所創成的幸福之中，即使如健康長壽、物資豐盈，自然災害疾病的預知和防治等。也其中「禍胎」暗結，人類卻爲之慶幸，甚至知其大禍將臨，而不設防，大家相互推諉指責，形同放任危險大災難的發生。

㈠**人口的暴增、壽命的大延：**聯合國成立時，全球人口不足二十億，現已七十億，二〇五〇年時，預計將達九十餘億。據統計數字五年間人類平均延壽一年，以英國爲例，一八七一年平均男性的壽命爲四十四歲，因嬰兒的死亡率太高；而近年則男性七十七，女性八十一。「人生七十古來稀」已「比比皆是」，台灣在今年已有二五二五人長命百歲。美國斯坦福大學的研究，至二〇五〇年，人類壽命可延長一倍，至八十五歲退休。科學預估未來人類可活五百歲、八百歲、一千二百歲等，是生起超人類主義等形成的基礎，姑且置而不信。但二〇五〇年瞬間將屆，此期間的人類不是大幸福嗎？但人口爆炸，資料耗費，社會結構大變，將產生大災變，但未有任何的應付計劃和作爲。僅以急切的減溫排炭一項而言，仍是各國因自私自利，無一致的行動，仍在爭吵。

㈡**國家的大增、紛爭的難解：**聯合國成立之時，會員僅有六十一國，美英與蘇聯的拉盟結派，冷戰鬥爭逾三十餘年，促成軍備大競賽，諸多國家陷於戰爭及分裂。現在的聯合國已有一九四會員國，合非會員國及地區則有二百三十七之多。有已開發中國、正進入開發中國、未開發國之別異。其間搶資源，爭經濟發展，已係常態，但利害糾紛，已難分難解；而大國的爭強爭霸，均在上天入地，不惜耗盡天然的一切資源，爭相發展屠滅人類生命的絕頂武器，而且戰火不止。絕難息武止戰，核戰的毀滅危機，長久而更多方面在彼此威脅，不止於擦槍走火方爆發。全球的軍費，是天文數字，單以美國二〇一四年即高達六一二〇億美元，各國的軍費，不能用於解救地球，豈不可悲。

㈢**生態的破壞、地球的創傷：**自人類走出了食物鏈，即開始破壞食物鏈及自然生態，尤以近代的水泥叢林的形成和更擴大爲甚。長久以來，是人定勝天，獨霸地球，但對自然生態的破壞，和對地球的創傷，已有專家的統計數據，植物的被植，可能已縮減了百分之七十，由公元二〇〇〇年至今，約有十二點九五萬平方公里之熱帶林被砍伐；動物消失約八七〇萬種，至二〇五〇年預測將有百分之二十八至三十五被滅絕，瀕於滅絕和因人種馴養、及基因改造而喪失野生動物的本能，更不知其數。人類重創地球，是由過份開發土地，污染大地開始，現代則及於海洋、太空，最明顯是化學物品的使用，破壞了土壤的生機，塑膠品類充塞於海灣河流；科學家估計在二〇五〇年，北極的冰原將不復存在，地球受此巨創，會產生巨變，亞洲等地如日本的溫度將升至攝氏三十六度以上，海平面會全面昇高，必然有很多地方和國家被淹沒，誰能與水共生，能在水中建屋立家嗎！

八、全人類的慘局將臨

上述三大危機已大幅呈現。科學家自然能有科技和智慧加以破解，甚至能扭轉大自然的反撲；如已發現及創造多種能源，已解救了人類的被凍死和更全面的燒光所有植物的無奈。人類已警醒只有一個地球，人和所有自然生物及環境的和諧共生共存關係而不能脫離、更不能大肆破壞，而有今年聯合國於美國紐約舉行氣候高峰會議。最具體的是全球「碳計畫」，去年全球排碳約三百六十億公噸，較一年前增加百分之二點三；全年人均排碳量美國為十六點五公噸，但美國總統歐巴馬卻點名全年人口平均排碳量為七點八公噸的中國大陸要努力；可是他又宣佈美國以一兆美元計畫更新核武；美國有改善全球氣候的誠意嗎？若將一兆元作減溫排碳、必然可號召各國景從響應；而他作更新美國的核彈頭，美國受到了什麼核子勒索和嚴重威脅嗎？只是仍欲百年強霸世界而已。考慮到百年後的地球損害和反撲嗎？計及全人類的存活了嗎？

人類因自私、貪婪、追求強權獨霸，上述全人類的三大危機，必難逆轉。單以高溫增碳的氣候變遷和多項的大自然反撲，必如科學家的預估，二〇五〇年是全人類的大災難：氣溫碳量大幅上昇，一點七億人口將受洪災，百分之七十海岸被淹，魚類將減少可能至百分之六十，台灣也會有一百萬人淹水，其他糧食等的受損情況，必隨之而一片淒慘。誰能挽救？會等到超人類主義的來臨嗎？人縱有神的功能，不用之於救亡圖存，而自行毀滅人類，地球也許將破碎倖存，人類能剩多少?逃至地球之外的能延續至後代嗎?全人類可能將要再演由生物進化的過程。總結為是人類將滅毀人類。

最迫切的願景,是人類在大壓力之下,產生大動力,爆發大智能,根治大弊病,而極力自救,破解「末日」的毀滅來臨。

玖、結 章

一、前 言

科學科技在快速和如夢幻般，改變了全人類，以往是漸進的，至第一次工業革命之後，其變化方銳進而鉅大，尤其二戰在原子彈的震爆之後，進入核子時代，科學的發展壓倒諸多學術學門，擴大至生存生活的每一事事物物，幾乎改天換地，令人瞠目結舌，難以敘說其每一項目，更難以一項器物作歷史性進步的代表，故最近四百年的科學神奇進展，斷定至現今而為「亞神時代」。又依科學未來進步之歷程判斷，應以二〇五〇年為「亞神時期」的結束。由「超人類主義」、進入「後人類主義」。人將由自然人經科學改造而有「人工人」等，開始進入人而為神的「入神時代」。人和地球生物的變化和禍福，大多將由科學科技決定。而且由人類所創新起變的科學科技，人類是否能掌握，也大成問題，因爲科學科技在神妙發展之後，已上升至人的對立面，人已不太能操控科學科技，只能順隨科技而起作爲，最簡單的例證是人類已不止憂懼機器人會不會「造反」，人將與「非生人」共組社會，又已呈現人類難於用科技挽救大自然的反撲。

由學術思想及文明的總體而言，科學科技只是學門的一大類，不論複雜和龐大到任何程度，均應正本清源、明體知用，以確定科學科技的地位；不能任由科學科技的功能，改變和改造人類和一切事物；即使人成爲主宰的神，也不能毫無規範及約束。人的智能既能創新科技，但科學家僅能預估科技能有如神的神奇發展，而難於掌控科技如何運用，及如何不生災變。科學的掌控和監督，更有賴於科學哲學的顯示大智慧，以成人類運用科技的共識。

二、科學、「科哲」的基性與次性探討

科學和科技的發展，四百年之間已居於無可取代、無可動搖的地位，僅以學

門而言，由中小學至大學，自基礎教育至博碩士的專門研究，科學學相關的學門，有的已發展至獨重專擅的地步，由數學至物理化學，已係所有課程中的重中之重，大學的資訊系所，已非電子計算科發展時的小局面，其改變人類、改變自然事物，已見於前各章所撮述。今後的進展之神奇、影響之所及，科學家已有各項的預估。僅就其已有的成就而言，科學已改變諸多傳統的學術思想，自然而然進入事物生起的本原，揭發宇宙的諸多奧秘；科學已不止於形而下的器用，而更具確切的形而上的「道本」，哲學界不得不承認科學哲學爲哲學的分支，其根本的理由和論點何在？簡而言之，即科學已由「次性」而躍升有「基性」的地位，因其涉及的「本性」的揭發，更有唯神、唯心論者見知之所不及，而又能證驗其真實而不虛妄。就其「次性」的開物成務而言，不僅由體起用，而又突破自然界事物的範圍；僅就此二者推而闡述之，推翻了此前諸多的哲學家的誤斷誤解，於學術思想產生了空前的突破，更應探討科學哲學是否爲哲學的分支，是否應確認其係開疆拓土的獨樹一幟。

科學發展的威權性，到了擴張而傲岸的地位，有如凱卜洛所形容：

真實的世界只容有量積的大小，數理的和諧。「至於常變的、外表的性質，根本不能契合數理的和諧，只是低級的真際，甚且等於子虛烏有，絕不存在。」（見方東美《科學哲學與人生》．〈第三章科學的宇宙觀與人生問題〉引）

凱卜洛尊崇科學的地位及其特殊之處，所謂「真實的世界只有量質的大小，數理的和諧。」其所指真實的世界，只有量質的大小，顯然是唯物的；而「數理的和諧」，乃是科學能確實地以數據數位表現而又可證驗無誤者，也是「基性」的；此外「只是低級的真際，甚且等於子虛烏有，絕不存在。」則是一般的事物，不但無真實性而排除在「真實世界」之外，也是「次性」的。方東美氏將「基性」歸於物質，「次性」屬於心理而析論之：

加利略更把物質的基性與心理的次性分得格外清楚。前者如數量、形體、方位、時分、運動等，是絕對的、客觀的、不變的、數理的實性。後者如色、聲、香味、觸，是相對的，主觀的、幻變無常的，感覺親緣的假相。科學研究自然物象，摭取基性，遺棄次性，誠覺直截了當，只可惜它已忍把嬌憨的人生拋棄了！

「遠古、中古的思想都道：人生乃是小天地，大宇長宙中之初次兩性都在真實的人生裏，和合集聚融成一體，絕無差異。降及近代，科學名家應用數理詮釋物象，初性次性，妄加區別，這顯然是眷戀自然，遺棄人類之先聲了。人類確非數學研究之對象，他的行為萬難受數量方法之支配。他的生活要素乃是聲、色、苦樂、情愛、願望、努力、奮鬥的集團，不僅是自然物象的動靜。真實的世界離人獨立、巍然長存。人類對於真實世界，雖有妙悟冥解，然獨賴有此，無足重輕，殊不足以提高他的聲價。世界是真實、基本的存在，當然有較大的價值、較高的尊嚴。」「人類只是一團次性。」「數理系統、物質世界，雄奇偉大、迴顧人類、識性薄弱，渺乎小焉，自茲以後，不得不忍受屈辱了。」（同上）

這些析論和引證，只能說是當時科學初期呈現的一些狀況，以後的發展，並非如此。而其所謂的「初性」、「基性」，以現代的科學的體察，是純科學的範圍，包括了所謂數量、形體、方位、時分、運動等；又所謂數理的實性，乃科學的真實而以數據、數位作表詮，仍在純科學的範圍內。至於次性的色、聲、香、味、觸，在人類而言，是主觀的、有幻變無常的和感覺親緣的假相，但更在應用科學之內，現在物理化學及應用科技，即在滿足人的色、聲、香、味、觸的需求而又提升之。依科學的中性和實事求是而言，不應分「基性」、「初性」或「次性」。如果「基性」、「初性」是形而上的意義，「次性」是形而下的，乃科學科技的創新起變的成果到了可分形而上與形而下的類別，可以說此初、次兩性都包涵在科學科技之內。科學科技在創新起變之時，只求如何解決問題？如何能創新？無暇、也無意顧及是基性或次性。作此分別，顯然是傳統哲學習慣性的分類。

科學只是眷戀自然嗎？科學遺棄了人類嗎？由科學的「亞神時代」至跨到「入神時代」，顯然極度提高了人的地位，至能與神相比；人類掌握了科學，改變了全人類，人的能耐與作爲，是太陽星系的主宰，更否決了「人類只是一團次性」的推斷。人並未與自然絕緣，已由研究自然、隨順自然而躍爲克服自然，握掌自然。只是數理系統所研究的物質世界，難以用於探究人類的有情天地而已。但新心理學、生物學等，已大作探究，並甚有成果。事實證明科學家沒有誘騙人變作籠中鳥，而是與人以強大無比的「羽翼」，上窮碧落下黃泉，穿梭於無垠的宇宙間。全已簡明地證明了唯心的思想家的此類論斷，有面牆而立的缺失。

三、「科哲」的真實證驗

自古迄今的人類思想家不外唯神、唯心、唯物的三大類，又由此三者而起分析變化以構成宗派教派，又分裂而無窮盡，復糾結爭辯不已，各有精義要旨，成為學門及學海。惟發展至「亞神時代」，因科學科技的發現與刺激，這三者均有新變，極受唯物論的刺激。唯物論不管是基性或次性，確立物質是一種體質或量積，佔有空間的位置，且與時間一體的存在，其能表詮的有數理數據的結構，因果的系統等，已脫出物體的形象和具體的存在範圍。何況物質的體積、重量、結構，推移展轉，各種變化不減其恆常。但自四力論、相對論、量子論、大爆炸說尤其是分子、粒子等的發展及研究，唯物論有了驚人的發現及成果、建立了科學哲學，而對基性、本原的「真實世界」，已能以數據數位表示其真實，證驗其真實。且於已有的思想，另出新解，例如「我思故我在，我思故物在。」唯神論以為是「神我」的作用，神的賦予，而使我能思，我為主體而證知「我在」和「物在」；唯心論者認爲是反逆神我，乃人的理性識力，遍一切事物，透一切性相，由我而思惟判斷，而確知「我在」、「物在」；科學家由人的基因潛能及神經系統，我爲主體，對一切境的事物而有刺激反應，思惟斷定，由我思而知「我在」、以及「物在」，並由人的用軟體程式，給予無生物的機械以人工智能，機器人亦近「我思故我在」，間接反證了「唯神」、「唯心」詮釋的誤差和不能證驗真實。雖仍有諍議的餘地，但證明了科學縱然以「物觀物」，而其所得，於唯神、唯心，至原始的唯物已呈極超越之勢，科學哲學於「基性」、本原的「真實世界」的發現，於傳統思想有顛覆性和開創性的效應及發展。最根本的是發現了真實、檢驗是否真實、能證驗真實。

四、「存有」、「空無」為思想本源

在人類生存生活和長久的演進，而脫出自然的生物狀態，而能思考、及所觸動和產生一切思想的本源，簡明作二分法的根本斷定，可總結爲「存有」和「空無」。二者由不相容的兩極端的認知，而瞭解至相對應、相依存、復呈現可分而不可分的關係。科技和科學哲學檢驗而確定了無限的「存有」之中之假有，如地、水、風、火和有形體的事物，乃由無形體的元素、分子等物質能量所構成，是假有且係短暫之有；此前認爲什麼都沒有的空無，現代科技發現其中有了諸多的無形之有，元素、分子、物質能量等以至空氣，故而知「真空不空」而存在緣於空無。二者有密不可分的存在，不止於是相對應的關係。

人類因五官和心識的本能，早已覺知諸多的存有且爲生活所需，而多變動；如有增有減，有來有去，有生有死、有成有毀，有動有靜等，存有乃具體形象的呈現爲主，總名爲諸有；此諸有之中，以形象等比較之結果，而出現認知上的「相待有」，如大小、長短、高下、難易等；人類以形體物質的存有爲出發，而產生「假有」，如杯弓蛇影、龜毛兔角，以及時下流行在水域的黃色巨鴨、芭比娃娃、大白兔及諸多的玩偶等；提昇而有哲學性質的假有，所謂「緣起緣滅」，以起生死存滅等的變化。故此存有不同虛無的假有，但亦非不變易、不消失的存有。在世俗之中，卻以此等存有爲真實之有。

存有出於自然事物的本原狀況和本原形象，更以自然狀況的時間和空間爲條件；人類的認識、感知存有，是基於本具的潛能，由經驗和超經驗的思惟判斷的認知，綜合領會開悟的智慧，得到超出自然事物及存在事物之外的諸多存有，如佛教的「欲有」——一切生物其有在欲界之中，而爲「欲有」；「色有」——衆生離欲而無欲界的雜染，尙有精神意念上的色念、色觀，而稱爲色有；有「無色有」——已無精神意念上的「色有」，仍依所作因，而有其果報，稱爲「無色有」。佛教依存有而成立「有宗」，已超越自然存有，更將「有」分立爲二十八有，使存在已是宗教哲學的神秘存在。總而言之，所有宗教均有超越自然界存在的存在，稱之爲神、爲上帝、爲造物主。至於唯心論的「絕對精神」，人類社會原於理性的倫理道德、法律性的規則，無一不是存有，而又非實物的存在，故存有之爲思想之本原，其大要如下：

㈠**有神**：是有神論者的根本，神的基本意義有一神，多神、人神分離、人神合一等等的分別；推而至於造物主爲宇宙的存有。不有有神的思想，能有宗教嗎？

㈡**有心**：唯心論者爲哲學之主要宗派、無論由心識、精神、心靈、意識等的絕對存有、方能建立唯心思系統，而擴及各種論證，由有限意識、無限意識、絕對精神、我思故我在、存在先於本質、三界唯心，一切唯識、心生則一切法生。學在師心等等，心非自然狀態之肉團心，而爲絕對性的超越存在，成爲諸多心學思想宗派之本原。

㈢**有物：**其根本是體認物質、物體的存在，爲思想的根原，如地、水、風、火的四大，金、木、水、火、土的五行，曾以爲是宇宙的根本，事事物物發生的的本原。而今則有現代科技發展、創新所發現的能量、物質、元素、分子等，均係有物。

由此三者可見存有的重要，既是唯神論、唯心論、唯物論的思想本原，更是人類生存生活中能有經驗，體悟及認識等不可或缺者。掌握此本原，再以現代科技所發現之新存有以作證驗，而見宇宙之真實，及自然事物存在的概況，可免於龐雜思想學術紛繁雜亂之糾纏而起之困擾，既能提要鉤玄，又能簡明裁斷而有體認及作爲矣。

空無與存有相對應，空無則爲非有，即不存有者，以事物作二分法，即存有之外，皆係空無。就空無的原始意念之產生而言，自然狀態之事物，呈現存有形象之後，多有變化而形體消失者，最常見的是生物的死亡，即由存有而成空無。此外身外之空間，由地面上昇，由感官之辨別，除存有之外，亦係空無；人類由思惟認識而產生之概念、想像、名詞等，皆非自然事物之存有，此有爲無形象存有之空無。人類思惟之細密深入，既認識事物之由存在而落入空無，更體會空而無的完全爲無，而名爲空，所以有究竟空、空觀等，佛教的宗教哲學——佛法，由「人空」——即吾人以個人之肉身爲實體之存有，乃係錯誤，此一肉身既係短暫之存在，又爲地水風火之「四大」所構成，乃「因緣和合」由此種物質所成，終落於空，所謂「四大皆空」；又分析一切存有的原因、法則，皆出於思惟想定，亦非真實不變的存在，故謂之「法空」，分析審察而又建立了三空、四空而至於二十空，成立了空宗教派。演變爲「空」、「有」之爭，其基本乃由存有和空無所引發。非止佛教如此，此二者影響遍及於所有的哲理思想。

㈣**無神**：神在何處？宇宙萬物，均非神造。此基本的無神思想，爲無神論者所信從。雖然不否認宗教的存在，也無以推翻信仰宗教的自由，但是係另類龐大的思想系列。科學科技發展之後，唯物思想得到諸多的信證，進而證驗了無神論的非根本，證驗而得不到神的存在於時空之處，故宗教信仰的神，受到極大的壓縮，惟科學未公然反對宗教的有神文化，以其係信仰自由而已。

㈤**無心：**由心而有唯心主義或唯心論的唯心派，與唯物主義對立。在哲學思想上主張精神或意識爲第一性、又心爲本體。物質存有爲次性，意謂物質的存在是心或意識所致。唯心主義的派別甚多，佛教的唯識宗、儒家、道家的「道」，宋明理學的「心學」，都是唯心的。柏拉圖推爲西方客觀唯心主義的創始人，以至黑格爾的「絕對精神」，康德的「先驗觀論」，更是先驗「唯心主義」者，可見唯心思想和哲學體系的龐大，「心」是其核心。

在科學技檢驗之下，心只是人體的心臟器官、主導血液循環，無思惟意識的功能，所以說是無心。加上基因的發現，基因的解碼，瞭解潛能的本具，腦部中樞神經的作用，方有思惟等作用，完全否定了「心之官則思」。

理性思惟心識等作用，不能包括「唯心論」的形成和內容，因爲有超越思惟、主導思惟的「悟」的存在，被稱爲「自然智」，並摒除了思惟的理性法則和耳目感官的認識功能，最明確的形容是「無心合道」，「言語道斷、心行處滅」。乃靈感所致所得直感直覺而「無心」，例如佛陀的建立佛法，孔子的「四十而不惑，五十而知天命」，阿基米德因入浴而恍恍惚惚得到水的「浮力定律」，量子力學中而得不確定原理和公式等，已明白顯示有非思惟所得者。應是「無心合道」，爲排除思惟的因「悟」而成，更有是科技的發現而得，不見「心」的作用。

「有心」的思惟，是有限意識，柏拉德蕾批評黑格爾的「絕對精神」云：「絕對精神宛如一個金融機關，離卻有限意識即無資本；然而有了許多不值價的有限意識作它的虛準備金，依舊要宣佈破產。」（見方東美《科學哲學與人生》引）如果以「絕對精神」代表唯心論或心學，則有限意識的思惟所能及，不能構立「絕對精神」，應該是無限意識的無心之悟，方有可能。無心是天然智所以「無心」有此功能。而且科學發現「基因」的些微差異，可以導致特殊能力的形成，已是「無心」的理論基礎，無心是思惟外功能之一，縱不能完全肯定，也難於否定。

㈥**無物**：有形體和能量的存有，是有物的自然現象，是生存生活不能脫離的條件，爲唯物論的根本依據。除此之外，便是無物的空無存在；無物不是否定「有物」，而是體認「有物」以外的廣大存在，「無物」是指空無的性質，所以說「看不見的不是不存在」，感覺不到的也不是不存在；思惟不到的更不是不存在，所以無物簡明的界定是「有物」之外的物質世界之外的一切存在。尤其以唯心論而言，思惟意識所到的也是存在而係「有物」的範圍。與有物作對比，無物的存在是無方所，無時間，即不在三維、四維之內，以此爲有物的本源。然以思惟意識的「心」而言，雖緣有物而起，但是思與識的無方所、無邊際，超時間，甚至非想，非非想亦係如此，故而爲諸多思想理念的本源，其重要性可見。

現代科學科技的發展，已突破原本認爲「有物」的拘限和範圍，如萬有引力、電磁力等而言，已是無形體、廣泛而遍及宇宙間的存在，爲萬物能否生成生存的本源，爲宇宙論的重大突破，肇建了科學哲學；此外由「有物」與「無物」的之聯接與突破而出現之物理化學醫學等，均爲有物與無物範圍與境界的擴大。最難得的是爲諸多的「有物」和無形體存在的「無物」已以數據、數位的程式而構成能真切地表現和證驗，合乎科學哲理而非虛幻空談，乃有網際網路的出現和成長，顯示「無物」、「有物」的一體性。

科學由無物而創出有物，最奧秘的無物，已達宇宙本體而仍在求發現探究之中、待突破的暗物質暗能量，將使無物而見有物之妙，科學家預期粒子和暗能量的破解，可超越「萬有引力」、「電磁力」、原子、分子等而得宇宙最後的秘密。

僅就「無物」中的無形存在，已揭宇宙之大秘而言，已是「有物先大地，無形本寂寥。能爲萬物主，不逐四時凋。」此一「有物」，意義深長，係無形體之物乃宇宙之本，萬物之源，正待科學研究和科學哲學證驗而完全揭秘。

五、合「空」「有」的妙有

現代科學最大的發現，是發現了自然界和宇宙間的空無之中而有諸多看不見的存在，由地球的空間至宇宙無限廣大的空間，古人只認定係空虛無物，雖有風雲雷電、日月星辰之有形體，但此外認定全是空無的。至近四百年間由科學家的發現，科技的證驗，本認爲自然無物的空無之間，無不具有物質性和能量的存在，由地球地面以上、至太空、外太空均有看不見，觸摸不著，以及想像不到的明物質、明能量、暗物質、暗能量，和已驗證、已命名、已運用的元素、分子等，原來亦在空無之中。此空無中的存在，不是有形體、質量呈現的實有，而是生起諸實有事物存在的「妙有」，因爲諸多的實有，均由此空無中的存有而爲本源之體，而起存在事物之妙用，故稱爲「妙有」。而且科學哲學依此而建立，並使唯神、唯心、唯物所立之本性、次性思想，大爲改觀。其基本功能如下：

㈠**證驗空無的不空：**古人認爲「真空」——一無所有的空間是存在的，既然一無所有，則不能生起任何作用，所以稱之爲「頑空」。現在科學已能製造真空、在物理學上：真空是一種不存在任何物質的空間狀態，是一種物理現象。但電磁波卻不受影響而能傳遞。此真空是缺了空氣，而不能起空氣所起的作用。但大自然的空間，科學已證驗是充塞存有的有形體、有物質事事物物的萬有是有限的。多的是空無之處而存在的暗物質、暗能量等，充盈於一切空無的空間，是無限的，證驗了空無之中的不空。

㈡**空無中之有爲妙有：**科學證驗了原本認爲是空而無有的空間，存在前人所未發現的無形之有，已如上述。可是未明白地提出，也不知此無形之有爲妙有，有此而產生、維持一切有形的萬有，雖然古人曾說「有生於無」，但只是有此想定，不知無是什麼？如何生有，如《老子》第四十章：「天下萬物生於有，有生於無。」此二句在語義上已有矛盾，雖有各種圓成其意的解釋，但直至現代科技發現了暗物質、暗能量，和證驗了無形體的明能量、明物質是什麼，才確切知道且證實「有生於無」的無不是空無，而是看不見的諸存有；由此有起了妙有的作用，是萬有的本源，如原本肯定「地水風火」等為物體本原，實際上火等是「宇宙四力」等的明能量、暗能量所成，所維繫而存在。簡單而確切地驗證了空無之中的「有」，是無形體的妙有，與有形體的萬物，無一不與此空無中之「有」相關聯、相生滅、而確知「有」的如何生於無。更是科學哲學的根本，明白了宇宙的本源，尤其此是物質世界事事物物的基性，而無可質疑。

㈢**空無中妙有之檢驗：**空無中妙有的作用既遍一切事物，所以能檢驗一切因此而起的事物的發生和因果關係，最明顯、最偉大是由望遠鏡證知了地球是圓的，是動的；不是浮在海水之上，而是與海洋一體，同懸在空中，是太陽系的一顆行星。在此證驗成就之後，才萌動氣象學、地球物理學、海洋學、太空學等。方能探求明確有據的本體，揭開宇宙之大秘。

試以水作例證，水最古老的認知，僅知道是最重要的液體，水不外雨水、河水、泉水等，縱然知道了水充盈在地球各處，各種生物中無不有水，無不需要水；甚至知道了水可以蒸發爲汽體，凍結成固體，但只是形體及作用的部份瞭解。待科技得出水的結構，一個水分子含有氫和氧的不同元素，其基本的結構是H2O，是動植物生命之原。其化爲氣體，結爲固體，是溫度的寒冷變化，影響分子活動的原故。水火不相容，是常識性，火的高溫超過水的功能時，其發出的氫氧會助炎而大助火勢；水是柔性的，但科技可以製成水刀，可切割岩石等。水現在有了各種用途，而由其空無中的妙用「水分子」而起。

此類檢驗的例證，不勝枚舉，係看不見的存在所起的妙用之故。已可由此得出諸多妙用的源由而作檢驗，而明白可信。

㈣**能量不同而作用大異：**哲學家大多有齊物的思想，更知道物之不齊的實際。「夫物之不齊，物之情也。」以如何使不齊而齊，二者均是極重要的「兩端」。不矛盾嗎？能調和嗎？如何能解構而調和？以莊子的〈齊物論〉至今，釋說紛紜，在科技可作檢驗之下、才能有更妥善且可證驗的解決。以人爲例，均是人也，養其大體爲大人，養其小體爲小人。同是人而有不齊的狀況；也有不齊的結果，或爲大人，或爲小人；雖然大人和小人的內涵不同，而統一於人，但仍沒有解決不齊的存在。科技發現了基因，基因的極大同而稍小異，是稟賦的潛能不同之故，個體完全發育成熟之後，作性向能量測驗而有上智、中才、下愚之不同，此一不齊的狀況，乃先天能量不齊爲基本；至於以後的「養」而爲小人或大人，雖然「養」的環境、教育、遭遇不同，可能導致基因的突變，能力的激起，但因能量不齊之故，而終不能使不齊爲齊，必有程度的差別。科學的檢證，太陽星系的諸星完全不同，是基本能量的不齊同所導致。月球何以無生物而完全不同於地球，最根本的是無水的關係；人類之中有聾、盲、啞，皆某能量、某器官缺失之故；同有視力而有遠視、近視、色盲，乃視力有關的能量大小有別之根本所致。人類極罕見的天縱之聖、自然的開悟者、奇異功能者，皆源於能量秉賦的極度挺出，如禪人所說：「大象所負，非蹇驢所堪。」此類型的天才，非「養」可成。「無師智」可爲證明，蘇格拉底、佛陀、孔子、耶穌的老師係何人？

不重視秉賦潛能的不同，強求不齊爲齊，不僅是揠苗助長，即使用盡方法氣力而「養」，只能有改進，強求驢其力比大象，只有壓死蹇驢，人間世諸多的矛盾和悲劇，實緣於此，也決定了存在的別異和程度。如何而有秉賦不同，科學的基因研究已揭開曠世之秘。

由以上「空」、「有」的基本探究、和真空不空、空中妙有，以作智慧的觀察。得出事物的真實見知，以確定作爲的準則，可望起一些不乞求唯神、唯心、唯物思想家的繁多、雜亂之論述，而自有基本的哲學慧見卓識。

六、「空」「有」哲理檢驗後之效應

科技發現了空無的不空，空合有而爲妙有，並證驗了其「真實不妄」，已如上節所略述。但此一空前的真實，乃現世四百年方有之大事，已大窮宇宙及諸有之奧妙，而爲此前諸先哲之所不能見知，其極切關係此「空」、「有」之論說和推理，能可信可從，及奉爲應依從之思想哲理嗎？當然要現代已檢驗無誤者加以證驗，以解決疑難缺失，而方無盲從妄信。

古之智者，尤其是引領一切學術思想的哲學家，均欲擺脫習俗、突出常流，而入奇奧之極境，其根本在探知宇宙萬有之神奇，切入人生糾結之奧祕，得確切之真理真際而發智慧之言行，以作獨善其身，或兼善天下之憑依。但是絕無具有現代科技之發現的揭祕。諸多的哲學家、宗教家，其盡力窮究繽紛萬象，組織完整之哲理體系，所出之玄妙智慧，皆未見知及科技發現證驗宇宙本源之存在，以及與萬有生起和依存之實際。故皆系憑其直觀、自出之思惟、想像等而得，依以倡言立論，或有妙智玄言，因無證驗，自不應高捧爲鴻寶，而圓成其闡述，以免誤導。尤其落實爲人生行爲之實際，應依從科學證驗爲實之哲理，作爲遵循之智慧引領。

（一）由「空無」省察虛無主義

希臘哲學暨由傳承而至發揚之歐洲哲學，顯然是千頭萬緒，現在爲西方哲學之根源，今更難於分別探究。但僅就空無與存有的二端切入，則可得以作本源性的擬論。在科技未發現和證明真空不空，有出於無，即空即有而爲妙有之前，其由空而觸生之虛無主義，由有而成立的存在主義，則與人類相關甚切，並經歷存有而至空無。因二者於每一個體均具關鍵影響，因爲人人均有存有，是以人人均落空無。

由空無而引發的空無思想和觀照，是基本而普遍的。由諸有而蛻化為空無，則係較深入的引發，如法眼文益的賞牡丹詩：「艷冶隨春發，馨香逐晚風。何須待零落，然後始知空。」有形體之物，未到零落之時，已知道必落空無，這是切實的諸多必然的事實。「虛無」哲學的此一語詞，來源於（nihil）意為「什麼也沒有」，正與「空無」的意義相同，發展而為哲學思想，古今均不例外，印度佛教教派有「空宗」、其宗旨是一切皆空，諸法皆空。我國的禪宗亦標出「空」為一關，破除了「有」，才是空；故西方哲學思想由虛無而至虛無主義，亦極正常，為事理之當然。虛無主義是懷疑主義的極致，是以否定為前提，最基本的認定是認為世界、生命的存在是沒有客觀的意義、目的和可以理解的真相。其後有諸多的發展，遍及人生、政治、藝術、宗教等，如神學家認為拒絕上帝是虛無主義的。如此種種，難作細述。

現代的科技發現而又證驗自然界的空無，並非空無或虛無、不是什麼都沒有；空無的無形迹之有，既多而又是諸有的發生和能存在的根本；是虛無主義的空無思想根本已破滅。引伸至拒絕上帝是虛無主義的，而大自然至宇宙的虛無空間，科學並沒有上帝的存在證明，上帝不是虛無主義的嗎！原本認定空無不存在、至空無由存在的科技發現有諸有，也許不能促使虛無主義不存在、不流行，但是有了確切的認知，可以作檢認的根本，例如無神論者的人，不是虛無的。與信奉上帝的人同在，信徒也不是虛無的，即使信奉了虛無主義者也不是虛無的、人人都是存在者。

再進而檢證認爲空無而不空的思想，認爲諸法實相之「自性」，此「自性」是無形相而爲空無的存在，名之爲「真實空」、「勝義堂」、「真境空」，更認爲是宇宙的本體，又名之爲「第一義空」。並依之而發展爲「空觀」、標出「偏觀空」、「圓觀空」等。再探究其空義爲何？是空而不空？是空而空無嗎？但並無科技的空中有諸有，無形諸有而爲妙有的存在的經得起證驗。但其「緣滅」即是虛無，可通徹於人和事物的虛無。乃係虛無之理如此，不是虛無主義，虛無主義則是信仰或信仰的否定。

（二）由「存有」省察存在主義

由萬物有形體等的存在，人類思想確立了有和存有，極爲自然，也是自然事物之形象呈現。但是由存在而發展爲存在主義，卻遲至十七世紀的巴斯噶、十九世紀的丹麥神學家祁克果（Aabye Kierkegaard）才倡議，而又推延至廿世紀才在歐洲大陸流行，其故何在？殆因均以諸有的存在只能是上帝，世界萬物以至人都是上帝所造，有極粗俗的概括：在上帝的前面，人是一條狗。其他的自然之事物，更不必說了。所以存在主義興起的背景，起於反對神是一切存在根本的宗教。最著名的存在主義的精義，是沙特的「存在先於本質」，即人之所以爲人，是在人的作爲。人除了生存之外，沒有原本的道德、靈魂等等，也不必遵守不是必然存在這些，以至宗教信仰，因爲這些無論其產生、內涵、規則、標準都是人所創造的，至尼采提出「上帝已死」。存在主義發展爲重自我的個體，個人的獨立自主、主觀的思想經驗和作爲，更深入關切探求個人的生死、哀樂、自由、權益、責任等，構成了存在主義的內容要項。

存在先於本質，本質的意義解爲事物存在的根本，而與此前的「本質先於存在」的思想相反。本質可以說是一切存在的根本。存在主義不否認人的有本質上的「存在先於本質」，如果承認有本質，則人不應是先於本質的，而是「本質先於存在。」但在上帝是創物主的唯神主張之下，存在主義不承認本質是上帝，本質也不能是理念，亦不應是「絕對精神」。解決和檢驗什麼是存在主義的「本質問題」，便見其重要、因其似謎題而待解釋、待檢驗之後，存在主義方不浮虛。

科技已證實空無並非什麼也沒有，其發現的明能量、明物質均係由前所視爲什麼都沒有的空無中而發現及證實的存有，加上暗物質、暗能量更而證知的空無而妙有。萬有引力、電磁力、分子、元素等是先於存在主義所謂的存在，人的存在和一切生物的存在，並無分別，是後於萬有引力等而存在；更是存在主義不明白，未確說的本質，因爲這些看不見、科技未發現之前的明暗物質、能量等，是事物存在的「本質」，更是維持存在、滋育存在的本質，可以說「無物不然」，人亦如此。掌握了原本不識不知的超越存在，才能有真實不妄的存在而確立存在主義的根本，只是較偏於唯物的存在而已。

在諸多的思想和理念之中，何以要特重虛無主義與存在主義，因爲是最基本的，最重要的感知和確定其真實，不是存在，即是虛無。存在之後，即落入虛無。禪宗確認「有」「無」是兩重關，佛教的「空」、「有」二宗，不只是哲理的領悟和宗派的信仰，也是人生的二端的重要切入和落實。

七、融空有妙用的生命力

科技解密了物質性的存在和自然生物的生起和存在等的根本問題，但仍待深入而揭露的是生命力。每一生物均有生命的個體，由種子、胎育等而成長之後，是有形體的個別存在，但能存在和表現其存在及活動的是生命力。而生命力的顯示和順應環境的一切反應，總結而言，是有形的存有和無形的空無中的存有合而爲妙有的表現。因爲生命的發生、存在、延續既是物質性的，能量性的。也是超乎物質性、能量性的，生命力是生命的整體表現，所以不是單純、僅有的物質性和能量性等的方面，科學家發現了基因和基因解碼之後，已能部份改變生命、造出生命，但仍以爲不足，未能究本窮源，故正確得出生命力由型態、形體以外的分爲分子生物學、細胞生物學、遺傳生物學、發生生物學、調節生物學、群體集環境生物學等。猶嫌未足，再加上生態學、行爲學、營養學、疾病防禦學、藥理學等。在學門分類似已「包山包海」，但以科學的研究而言，只能就本源和發生

而希望以得生命力的具體結果，而由四大方面著手：

生物學中之學的「What」

生物學中之學的發生學中的「How」

生物學中之演化學的「Why」

生物學中之生態學探討生物與「Where」的關係。

此四者應均為各類不同的生命體之最重要的環節。因為由生物的何以會動而能動，如何能適應環境的變化而變遷？如何繁殖下一代？如何與他人及他事物有互動？如何能思考？如何得食、色？如何起新陳代謝？如何有感應？均不能無生命力，正如無論何種發電方法之必需產生電力。

任何生物之具有生命力，如何而有？如何而喚起所需要的作用，甚至突破生命形體而見神奇，例如無細胞的植物而有細胞反應和作用，候鳥、海龜、鮭魚等的遷移、回游，無疑乃由有生命而表現生命力所致。雖然已在研究而有諸多的解碼，但仍有諸多的未解，最簡單而久遠的動物現象是公雞的報曉啼叫，有的解為基因控制，有的解為生理時鐘，但是母雞何以不能？母雞伏雛，公雞何以不能？

公雞在小雞時段，似亦未能報曉。具有同樣的生命力何以有此大別異，是生命力的難求確解。

生命力是生物的綜合能力，植物有了生命之後，表現的基本是生命形體的成長力，然後有無形的適應力，最惡劣的地理環境，如幾乎無水的沙漠、無土壤的岩石、及完全是水鄉澤國、浩瀚無垠的海洋，均有植物的被植；生存的長期間有感應力，最明顯的是氣候的變化，長葉生花的結果和枯萎，隨應節候而起應和；而時時刻刻不停的順應力，見於枝葉的隨風雨大小而偃俯彎曲的程度不同；致於隨順大自然的神秘而行光合作用，夜吐碳而日吐氧，此皆生命力的發揮諸般的作用。最可證明的，是生命力完全消失之後，便枯死朽腐。這皆是生命力的存有和依之而生作用的證明。雖然科技未能完全求解而得解，但已可知爲合有形體的結構，和超越形體的能量的綜合所成。科技的創新，科學哲學的研究和判斷將會有解密的結果，但可斷定仍有無解的存在。

依據科技的發現和數據，人類和其他的動物均有生命力，但人有較高的理性，而有理性主義；有較全面的感覺，而有存在主義；有較大突破空無的認識，而有虛無主義；有較全面的記憶和回憶，而有經驗主義；由於不同的原因、認知，而有形式主義、實質主義、唯美主義、樂觀主義、悲觀主義等等。但人因時間、地點、事物的變化，所起的理念、作爲、追尋等，有種種或急或緩的變化和差異，深入究求，以明真實，則人類全無絕對而徹底的任何上述主義的實現和執著。雖然相對性的所謂主義，沒有明確的分界線，但是人的個體和族群，由情感、思想、利害等等的引發的變化和差異，往往是前刻之是，已成此刻之非，個人和族群不斷地在自我否定、相互否定，自我改變、相互改變，難於停止，所表現的是無窮無盡的矛盾與變化，今日之我，已非前夕之我，此時的是非喜悲、嗜好習慣及作爲業，已改易而非前時。但卻無矛盾主義，甚至也不求矛盾的統一，所以說「沒有賣後悔藥的」。故有定式、定理、定分的科技和科學哲學，只能發現矛盾的根由，無法解決矛盾、統一矛盾，只有「測不準定律」可稍作解釋，而且理性、情感等項，均包括在生命力之中，任何生物學可能解決生命有關問題，但絕難解決生命力所呈現的複雜而常相矛盾的問題，例如「愛之欲其生，惡之欲其死」的矛盾、能統一、能有確解嗎。尤其是全人類奮進而爲「超人類主義」，則是生命力的發揮，突破諸多矛盾和阻礙，而有輝煌的結果。也是生命力的神奇。

八、科學時代全人類的壓力

科學與科技的崛起，是近代的大事，其改變人類和社會，已毋庸諱言，但有直接和間接的分別，其初始是改變了士農工商社會單純的結構，明顯地見於工業革命。但科技的大幅突破，無處不在，由飲食生活物品之細之微，至國防軍工業之大之多，科學科技是最大的推動力量，天翻地覆改變了人間世，灼然可見者見於下述數大項：

㈠**社會的多元化：**因產品、商業交易的多元化，使社會結構的極度多元化。以往的所謂百工百業，現代的行業應已逾萬上億，到無可計算的程度。而且每一科技的創新，其產品投產之後，隨即產生了新行業，而有了新團體，側身林立於已有的社會之中，電腦科技催生的行業，已普及世界，不必說了。其間的網際網路中的列印物品一項，如人造蛋、人造皮等，已投產、當然有團隊的形成，類此而推，社會的多元化、已細分到無可計無可數。又人類人口的幾何級數的增加，跨國跨洲行業的組成，有的大企業組成的團體，人員以萬數計、如西門子公司、三星、鴻海等；至於三五人的中小企業，更不斷的增添，促使社會的大改變，多元化已難形容，均無不在求生存，求創新和改變，而且不能停住，無止無休。

㈡**產品的多樣化**：以往的農產品、食用、住宅等，往往是世代性的沿襲而使用。現代則不然，由科技的創新和改進，由形式及實質，可以說是由不變到必變，由漸變到突變和大變，試以「粉白黛綠」的女性化妝品為例，香水有多少種？粉有多少類？口紅、護膚、臉膜、美白等，真是「滿坑滿谷」，直接間接的試用、宣傳、代言等的變化，已難以細數和形容。所以每一產品和每種行業，都在求新求變。「苟日新、日日新。」這新而變的形容，現在才完全顯現於產品極新奇而多樣化上。以往只是心態誇大的形容。

㈢**無窮的競爭化**：在清朝以前，最明顯而制度化的競爭，是科考，由秀才、舉人、進士的三級而已，而又是以年為位的競爭，其他的競爭則係師徒制的自由而緩慢至無感的程度。可是至由科技促使的現代化，和大量形成的競爭，捲及全人類，由教育制度的考試，每週每月均在進行；有關職場的考試隨時隨地在舉辦；

體育、娛樂、才藝的評比，至學界的競爭，無處無時不有，全世界大學的排名，以論文的多少爲基本，有教授一年發表了三十餘篇論文，比之爲論文的製造機器，姑不論其質度，其競爭之激烈可見；更有個人高自期許的競爭，如諾貝爾獎、各國各界的各種勝出等，只能以無窮的競爭涵蓋之。推而廣之，是人人不能置身於競爭之外，而且競爭有的是以分秒計，可以說競爭的時限已至爭分奪秒的程度。諸多不可計數的競爭、逼使人類不能不向上振拔而起作爲，人類社會最大的變化，無過於此。尼采「超人」的呼召，已往未見功效，現代已將進入「超人類主義」，可計期未來的人而爲神的出現，其改變主因在無窮盡的壓力而逼出的動力和作爲。

㈣**壓力之下的創變：**總結無窮盡和有形無形的競賽，所造成的或大或小，各式各樣的是壓力，屈服於此壓力之下的是失敗者，或是生命力有欠缺者。此外則是由壓力而產生的相應動力，最多主要的是創新求變。各行各業由動力而創新求變，只有項目、內容、方式的不同，有完全創新、部份創新及大變小變之別而已。現在各界的口號是「不創新只有死」，此「死」不是生命的消失，乃是就不能消除壓力，不能創新而失敗的形容。由壓力而有動力，人類有全面和全體的壓力，故整體被驅逼前進。是以尼采超人的呼喚，因無大壓力而欠動力，只是理想。至科技「不創新只有死」。這全面如排山倒海的壓力，才逼出超人類主義。不是全人類都是超人，而是各行業的超人，創成了超人類主義，終於改變了全人類。

九、縱觀科技、科學哲學崛起對人類的絕大影響

由科學的器物斷代，自石器、陶器、銅器、鐵器四階段，是科技器物的呈現，其特點是顯出人類不同於其他的動物，創造了文物，脫出自然界的食物鏈。是能思考、有智慧、能團結一體，能有學術、經驗、技術發現及傳承之故。

由原子時代開始，方是科學完善的崛起，大異於此前的僅有科技物品，而無理論的依據，無程式的顯示和數據的可證驗。而是理證與事物具呈，方法與數據同現，有檢驗之過程和結果，雖有智慧保護權之保護，而可共用互進，故核子、飛機、飛彈等，幾全球同在發展，稱之爲科學無國界。

科學改變了人類自然的血脉結構，而創造了「人工人」、生化人之大類別，必促使人類社會之大變動，人與「人工人」共同生存生活，個人與家族，團體之

互動、倫理道德、法律規章、人生之意義意境等，將掀前代所無之變革，而出現了「人工人」之器物時代。

科技之精密儀器及相關工具，結合科學家之智慧與方法，發現原本認爲係空無之空間，有諸多之物質、能量、分子、元素等，成爲物質物品以至宇宙的本源，而有科學哲學之橫空出現，以其有科學發現和事物創成之證驗，呈現普遍之觸動而此前之學思想等有難以抗拒之影響，已成現代之顯學。

人類以科學儀器，多種飛行工具，頻頻往返太空之中，登陸月球、成功探測火星，建成太空站，人類的活動空間，已上窮碧落而將及全宇宙，促成多種有關科學學門和科學哲學之出現，不久將有太空電梯、太空計程車，出現太空住宅區，亦非奇事。科學家已發現百分之四十暗物質爲宇宙諸星球誕生之本源，若能操控而創出人造星球，則成爲人而爲神的歷程，是「人造星」的器物時代。全世界的主要國家，已啓動在地球上空造地球太陽。

所有學門和哲學的建構，均涉及思想方法和以往認定是理性主導，隱然排除了感性和形象思想惟。但科學創造而產生的科學方法，顯然是結合理性與感性、凝聚邏輯思惟與形象思惟而相互統合。以電腦的程式設計而言，是出於數據、數位，基本上是形象的，在使用之時，以手的觸按拂拭爲主，而見其係形象實際運用的獨特。

科學於宇宙的空無浩淼，已揭密知源，由太陽星系至銀河星系等，已知其廣大至何里程，大的星球有多少，宇宙的誕生有多久，時空的出現等均有探究的結果，人類已是宇宙之靈，不止於萬物之靈的地位。

人類在科學科技未進展至原子時代之前，於自然事物、宇宙萬象。只見萬物披離雜錯，萬象凌亂、超自然現象，更神奇難解，人由何而來，其生命力與能感知思惟等，亦茫茫無解，僅能以迷蒙混雜矛盾形容之。惟近代以科技工具等作觀測探究，方知本知末，完全突破以往之其知有涯之局限，千百之學門、億萬之學者，各自努力，共同探究，於事事物物，已達窮形盡性而致知之程度，由之而大有發現與創造。故此四百年間，是科學、科學哲學發揚蹈厲之偉大時代。

科學仍有極力的追求和發的大空間，以幽浮的現象和傳聞不斷，外星人的是否存在爲地球人的急切課題。諸多的科技影片如一系列的太空戰士，地球保衛戰、星艦迷航等，雖是影射，亦是現代之傳說反映，科學家已顯示在盡力揭謎揭秘之探索中，將有明確的結論宣告。將來是否與太空人有戰爭和與太空人和平共同生活與資源爭奪等大問題。

由時間空間構成的宇宙、科學家發現其本體爲萬有引力、電磁力等的「四力」，尙有暗物質、粒子的之有同等作用，無異爲宇宙的多元本體論。何者是重中之重的本源？此「統一場」的思想，爲現今科學家之極力追尋。現以「暗物質」佔百分之四十爲諸星球所構成之主因，其研究團隊之研究宣告，將可確定。但仍是物質性，只堪與四力同性質及地位。而粒子則無物質性，較以上五者而有「統一場」的超越優勢，正極力作檢驗研究，應是宇宙的本體，但仍在追探而可望於近期確實揭曉，於科學哲學之根本建構不但重大無比，視其揭秘內涵之大小程度，而起決定性之最大影響。

唯神、唯心、唯物爲思想之大本，三百餘年之前，均爲憑空蹈虛之臆想判斷。待科學上述之發現及證驗，而有本源性之結果。不待科學哲學批判任何哲學思想及體系，各學派必起自行導正改變之效，而增添其主張及內涵以與時俱進。故天主教之放棄世界事物出於神造，承認墮胎及同性結婚；唯心論者不得不承認基因、腦神經元之知覺作用；唯物論者不能再以地水風火爲物質之本源。

科學由人所創出，改變人類的事事物物最多，探究人類生命奧秘，人體組織尤詳，以至人的年壽可逾一百五十歲以上，可望冷凍術能起死回生。但因科技刺激的人類演進、複雜人性、生自何來，死將焉歸，尤其社會組織之變化、道德法律之進展、財富之集中、幸福之獲得；免於飢餓疾病等，仍多難解，而見科技之與科學哲學、智能有所不及，而待大突破，亦有不能突破者。縱然人而爲神，也難解決，例如種族衝突、宗教迷狂、貧富不均、命運不同等。

人類能創新、能發現，無論是形成經驗的記憶和體會，或經由思考的解決判斷、皆出於複雜的頭腦結構，形成衆所知悉和強調的腦力激動。尤其神經元的神經中樞，由千萬億的細胞所組成，而生起感覺、運動、聯絡等作用，人才能成爲會思考的動物和有智慧的動物。相關的研究、認爲人僅使用了腦力的百分之十，腦力激動也已形成簡略的方法，正成爲最新探研的神奇學門，更將主導人類思考，智慧的大改變、大作用。

人類的生存生活，必賴食物食品的生產。而有賴原料、工廠、各類工人、設計、掌控等的龐大組合。但隨著網路時代的來臨、軟體設計的進步、電腦的普及、數位工具的廉價等，基於 3D‧4D 列印功能的強化，個人和少數人在電腦的座位上可成爲多種物品的「自造者」，能不需工場工廠而自製食物用品。這是機器生產的第三次工業革命之際的特殊革命，發展無可限量、對產業商業之改變，社會組織之影響亦無可估計。其能以極小的化學物而造成食物等，可以期待解決人類糧食及資源之不足。

以上之科學，只能是此時段之總結，又更神奇而延伸而至「入神時代」。

十、人與虛無‧存在的必然結果

人類科技再創新、至極神奇，但改變不了空無和存在的基本事物之落入此二極端——即由空無之中而生起存有，存有之事物，必落入空無，毋需虛無主義、存在主義之提出和檢驗，因爲二者又同係偏激而不足論更無指導性。科技發現而又證驗空無中之諸多存在如物質能量、元素、分子，乃萬有能生起、能存在之本源。則空無與存在不是相對立而絕緣的兩極端，而係依從相通之一貫關係，明確歸納爲真空不空，空無存妙有。之前，存在主義與虛無主義均未見此真實，以「存在先於本質」而言，無本質即無存在，有存在即有本質，二者不一亦不異。以虛無主義而言，虛無不能否定存在，有虛無而見存在，二者之不能相互否定。

諸有生起於空無而又消失必落於空無，是經驗性的，也是思想性的。如佛家所謂的「緣起緣滅」，緣起是每一事物因有或多或少的因緣和合而生起，科技發現的物質、分子等，證明了乃緣起的根本；事物形體作用等的消失，而成空無，乃物質、能量等因緣的消失，故爲緣滅。以科技之理解之如此。而且因爲主因，是緣起緣滅的主要條件，緣是隨順主因而緣起緣滅的附帶條件，以種豆得豆爲例，豆有種子的生命力爲主因，方能發芽生長，但以土壤、雨水、肥料，爲附帶條件，方能完成生長而有豆粒。而且得豆之後，雖是緣滅，然此種子已完成而存有。至於解成「因緣所生法，我說即是空。」已是另一主題，又以科學之哲理會意解之，得豆之後，生成豆之枝葉形體雖已消失，但豆的含有生命能量在無形而虛無之豆中，仍空而不空，在諸多之物質界中，無物不然，可知空有之相連帶，因「緣起緣滅」而得二者之真實相。此理證推及事事物物，無不如此，人生由出生的存在，至死亡之虛無，是必然的兩端。不論人類改變至何地步，亦將不變。

人人均有生起之存在、落於空無之消失，如張載所云：「存，吾順事；歿，吾寧也。」人之有生起而存在，視爲隨順當然之事而不能拒絕；生命消失而亡滅，安然而寧願接受，只能如此；但由存在至虛無的過程不是空無，個人的作爲、志事、精神等，走過而留下痕迹，何況兒女及家族也延續生命的存在。故由世間事物與人生，洞見存在之真際，乃人生之真實。

科技將來之發展，必能發現創造更多之新事物，擴大存有之範圍；科學哲學從而揭出更深更多之空無究竟、揭諸存在與不存在之奧秘。人類應隨順存在，珍惜存在，享用存在，創出存在，最後如花開花落，自然入於空無而無遺憾。空無與存在，是人類生的開始、死的結束，似矛盾而貫通，人不能不生不死，生與死，有與無也無法統一，究其情理，是互爲發生與終結的兩端，而又無界線，只可由「有」、「無」而通貫。

在人類由生的存在至死入虛無的重要過程中，無論科技作用如何神奇，只能裨益存在，改善改變生活。至於人的性情如喜怒哀樂，嗜好如酒色財氣，習性如好逸惡勞，自私自利、狂妄怯弱、恩仇爭鬥，追求如名利財富，弊病如貪瞋癡慢疑等，科技則改變無力，科學哲學亦督責無方。所以在人人一生的過程中，只能求之良好意念引導與品行操守的堅持，人類不能不有法律、道德律、自然律的存在而維持秩序，但三者必然隨時代及事物的改進而改進，如斯而已。極爲無奈。但時代必然進步，人類也必隨之新變。

拾、後 跋

風吹幡動——科學革命之後的哲理探究

尤雅姿

杜松柏教授，少年時遭遇中國倥偬動盪，隻身萍漂台灣，青年時投身戎馬，仁勇有謀，不避烽火險難，隨大砲連隊赴金門戰地參與八二三炮戰，獲虎賁勳章表揚保衛之功；其後，復志學勤學，奮發圖強，榮獲國家文學博士，博士論文《禪學與唐宋詩學》發明中國詩學與禪學融通合流之機悟，允爲金石之作。杜教授胸懷國事，體察世局，好學敏求，與時俱進，恆以生民福祉殷殷爲念，旅美期間廣博涉獵西方科技文明發展史，觀照近代科技文明對人類生活的改善與影響，從而興發應有科學哲學，科學倫理學等分支學科之建立，以茲界定、詮釋，規範涉及科學學之範疇，因而撰成此書：《科學・科學哲學與人類》。

本書盱衡人類科技文明發展史程大事，從石器時代肇始，歷經陶器，銅器，鐵器等工具技術發明階段，繼往開來，而又瞻望科學革命之後西方重大的科技發展趨勢，大筆勾勒近代卓越的科學偉人在物理學，天文學，光學，微生物學上的創新發現，以及優秀的科學專家們在航太科技，軍事武器，電子計算機，網際網絡，人工智慧機器上的重大建樹，吸納美國超人類主義思潮，亟思由諸科學入，進而穿透之，彌縫之，以建立一科學哲學。杜教授積極樂觀地推崇這些劃時代的科技文明促進人類邁向更舒適康樂的生活境地，但也語重心長地提出諸多嚴肅的省問，認爲科技在擺脫神學束縛後，人類「扮演上帝」的後果可能暗藏著諸多倫理風險或生命危機，他呼籲世人應該認真審視科學與科技無限制擴張之後所引發的各種問題；成立科學哲學後予以慎思明辨，應是當務之急，此爲本書寫作之宏旨。

當今關於未來的科技演進趨勢推論，以及人類生命將面臨的重大變革預測之書，首推超人類主義者—谷歌工程總監美國電腦科學家及發明家雷・庫茲韋爾

（Ray Kurzweil 1948-）於二〇〇五年出版的《奇點臨近》"*The Singularity Is Near: When Human Transcend Biology*"，他在書中以嶄新的視角，嚴謹的專業科學論證，滿懷希望地表示：未來的科技革命將會是GNR（Genetics, Nanotechnology, Robotics），即基因技術，奈米技術與機器人技術等三種重疊進行的革命（Three Overlapping Revolutions）。二十一世紀初期，當基因代碼破譯後，先進的基因技術已能複製生命，人類的頑疾與衰老，可望獲得克服，長生不再是遙不可及的夢想；高智能機器人也應運而生，青出於藍，其體能智能脫胎於人類而更強大於人類，使命必達，堅不可摧；革命性的奈米技術能夠以分子爲基本單位地對物理世界，甚至是人類的身體，或大腦進行重置，經濟便利地複製各種物質或人體部件……庫茲韋爾的科技遠景預測似乎光明燦爛，人類沒有病痛，沒有衰朽，物資價廉物美，垂手可得，浸淫於亮麗的虛擬實境，任我化身徜徉！這個能快速生產不死藥的烏托邦真叫人留戀忘歸，樂不思蜀……然而，死亡難道不是凡人應履行的生命義務？人倫日常難道不是俗子應盡的社會道義責任？「嫦娥應悔偷靈藥，碧海青天夜夜心。」

對於科技日新又新之躍進，杜教授雖樂觀其大成，但慮懷深遠地悠悠發問：科技突破之後，社會學、倫理學、哲學、美學是否也會產生變革？隨侍在側的機器人若謀反暴動，創生他們的人類該如何防範於未然？是否需立特別法予以制裁？奈米技術能複製器官後，生命的價值是更昂貴？還是更廉價？生活是變得更舒服美好？還是在役物與役於物之間忐忑飄搖？超強軍事武器的研發，無遠弗屆的資源開採，無所不在的信息交流，人類的未來是永生？還是浩劫？是分解裂變？還是圓滿融合？是豐富熱鬧？還是虛無寂寥？東方哲學的明心見性，美學的寧靜自得，能否爲無所不用其極的科技文明提供某種反向制衡的人文思惟？能否釋出「他山之石，可以攻錯」的意見？東西方思惟應該如何傾談？有趣的是，雷・庫茲韋爾在論及人類大腦的科技革命時已先行徵引了源初六祖惠能《壇經》的寓言：「時有風吹幡動。一僧曰風動，一僧曰幡動。議論不已。惠能進曰：非風動，非幡動，仁者心動。」One windy day two monks were arguing about a flapping banner. The first said, “I say the banner is moving, not the wind.” The second said, “I say the wind is moving, not the banner.” A third monk passed by and said, “The Wind is not moving. The banner is not moving. Your minds are moving.” ZEN PARABLE 庫茲韋爾使用禪宗這則「風吹幡動」作爲警語，預測二〇三〇年奈米機器人技術將提供身歷其境，完全令人信服的 3D 虛擬現實，彷彿莊周「栩栩然，蝴蝶也。」的「物化」科技，這似乎已透露高科技對哲學或禪學的意義需求，唯猶待展開之，深入之。

承杜教授之不棄，囑我代爲檢視全文，挑揀筆誤錯字，故而有幸先讀爲快，也使我大開一方眼界，得知二十一世紀將是人類科技史不可思議的突破時代，人類生命的本質意義也將面臨著新變與威脅。杜教授是我的大學老師，教我們「治學方法」，「李杜詩」，也是我的學術啓蒙恩師。老師快人快筆，熱腸熱腹，此書秉持知無不言，言無不盡的爽朗胸次，發揮禪學與詩學修養及形象思惟方法，不執著唯神論、唯心論或唯物論，滔滔雄辯提問，淵淵慈悲爲懷，智慧傳燈，而成自然科學哲學之芻議。八十嵩壽猶讀書著述不輟的他，對個人小我生命抱持著「存，吾順事；沒，吾寧也。」的平寧淡泊，但對科學知識的發展與人類生活的幸福卻用心叩問，這自然是源於仁民愛物的動態力量，同時也是禪宗智慧的在世體現。當東方和諧均衡的哲學能敞開胸懷，不故步自封，不畫地自限，願慎重地理解西方廣博恢宏的科學知識，能敬重其勇猛精進的開創精神，科學與哲學才更大有相互扣鳴的機會，天地人三才相濟共生的「奇點」方會臨現。老師以此書作爲「拋磚引玉」的啓動就有更深遠的意義了。

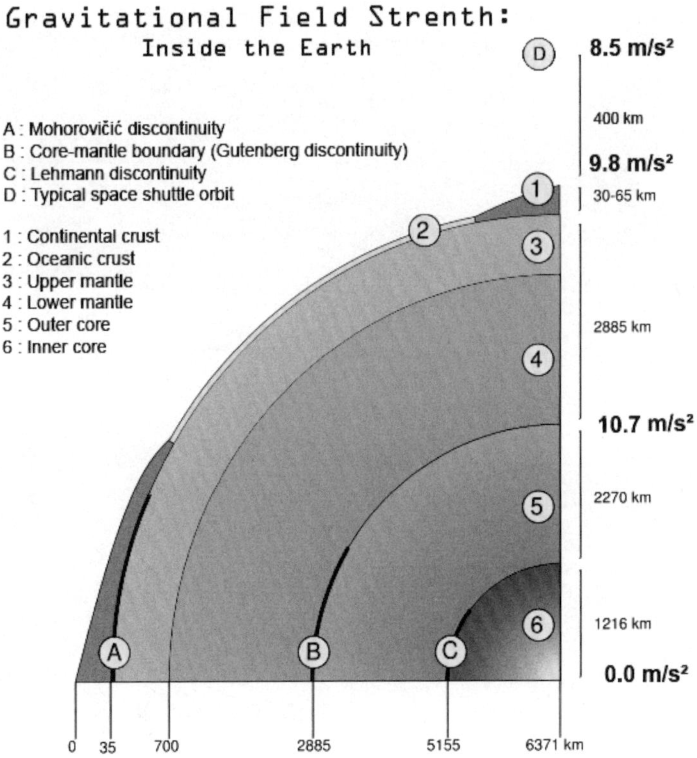

一、萬有引力
http://en.wikipedia.org/w/index.php?title=Newton%27s_law_of_universal_gravitation&redirect=no#mediaviewer/File:Earth-G-force.png

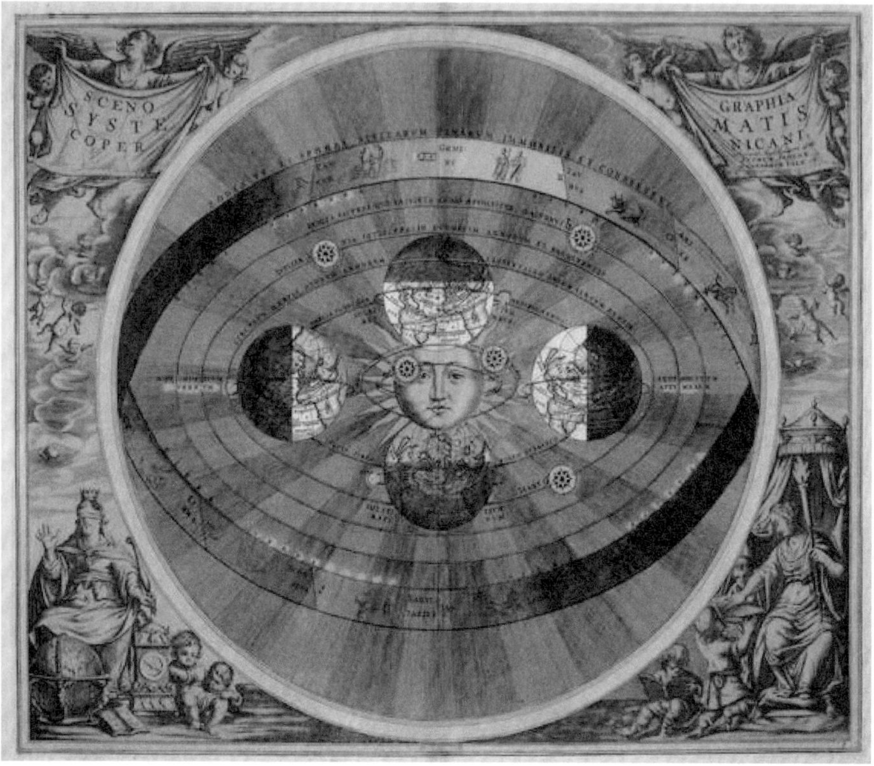

二、太空圖像

http://en.wikipedia.org/wiki/Heliocentrism#mediaviewer/File:
Heliocentric.jpg

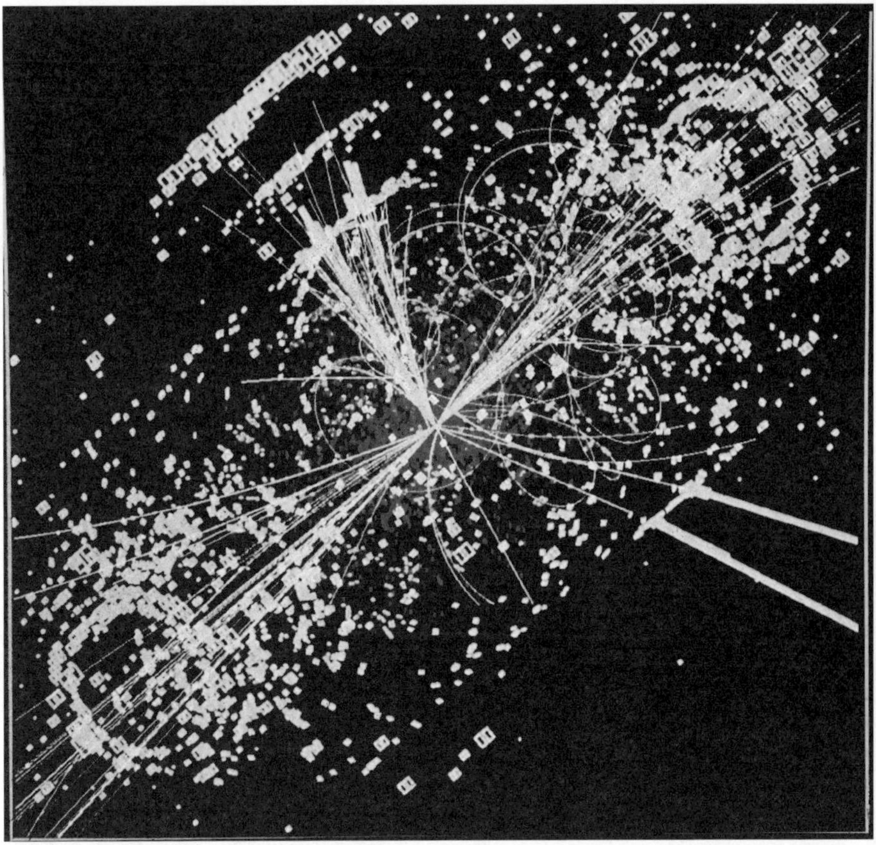

三、暗物質

http://en.wikipedia.org/wiki/Dark_matter#mediaviewer/File:CMS_Higgs-event.jpg

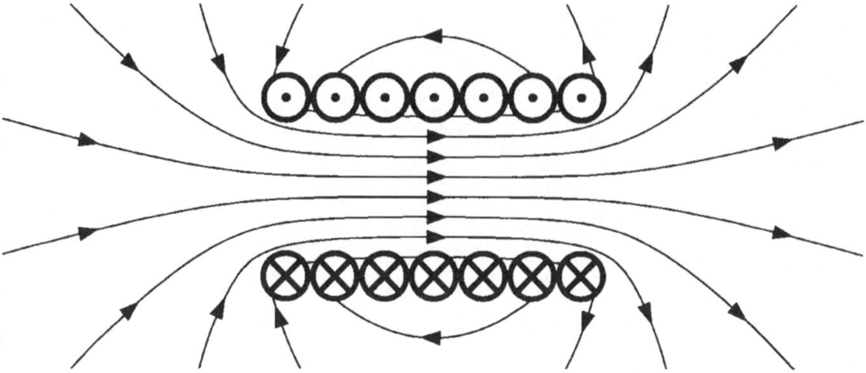

四、電池力

http://en.wikipedia.org/wiki/Electromagnetism#mediaviewer/File:VFPt_Solenoid_correct2.svg

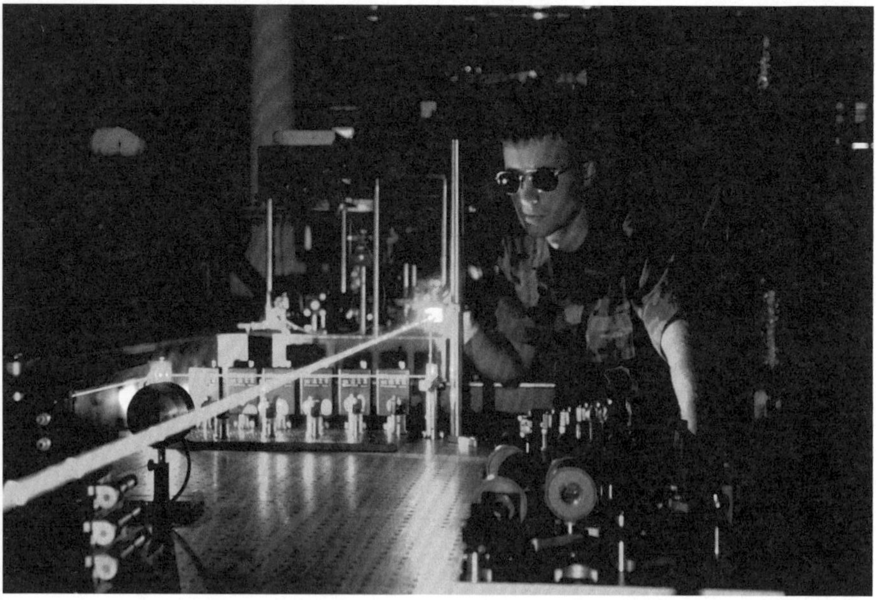

雷 射

http://en.wikipedia.org/wiki/Laser#mediaviewer/File:Military_laser_experiment.jpg

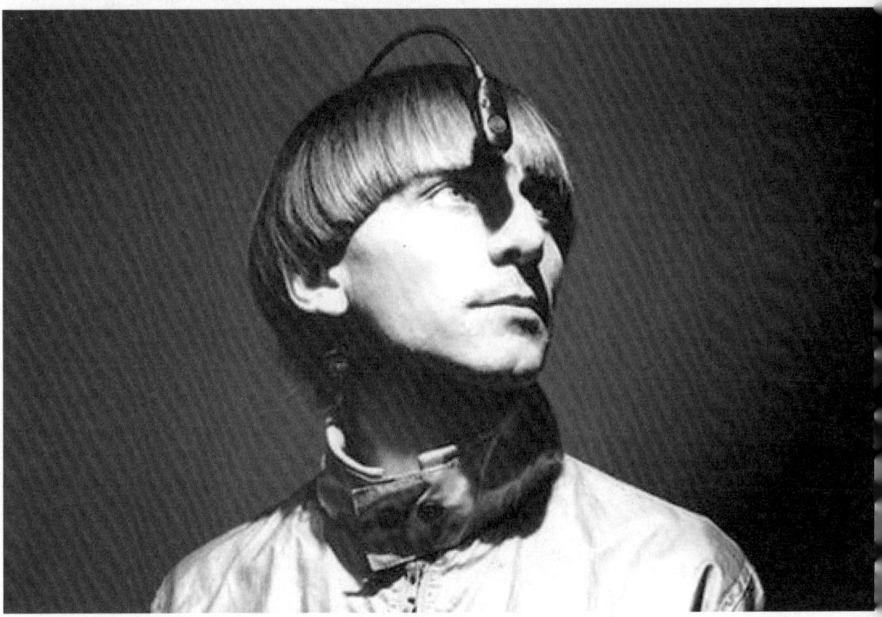

五、生化人
http://en.wikipedia.org/wiki/Cyborg#mediaviewer/File:Neil_Harbisson_cyborgist.jpg

火星探測
http://en.wikipedia.org/wiki/Mars_Exploration_Rover#mediaviewer/File:NASA_Mars_Rover.jpg